班级里两个人同一天过生日的可能性有多大?

概率告诉我们，如果一个班上有23个学生，那么两个人同一天过生日的概率大约是50%。

图书在版编目（CIP）数据

无所不能的数学 / (美) 安娜•维特曼著 ; (英) 保罗•波士顿绘 ; 陶洁玉译. — 广州 : 新世纪出版社, 2022.6

ISBN 978-7-5583-3193-0

Ⅰ. ①无… Ⅱ. ①安… ②保… ③陶… Ⅲ. ①数学—儿童读物 Ⅳ. ①01-49

中国版本图书馆CIP数据核字(2022)第020127号

版权合同登记 图字：19-2021-186号

出 版 人：陈少波
选题策划：刘秋婷
责任编辑：秦文剑 梅欣欣
责任校对：毛 娟 黄鸿生
责任技编：王 维
封面设计：叶乾乾
版式设计：魏嘉奇

无所不能的数学
WUSUOBUNENG DE SHUXUE

[美] 安娜 · 维特曼 / 著 [英] 保罗 · 波士顿 / 绘 陶洁玉 / 译
出版发行：新世纪出版社
（广州市大沙头四马路10号）
经　　销：全国新华书店
印　　刷：当纳利（广东）印务有限公司

规　　格：787毫米 ×1092毫米
开　　本：8
印　　张：13
字　　数：172千
版　　次：2022年6月第1版
印　　次：2022年6月第1次印刷
定　　价：128.00元

策　　划 / 海豚传媒股份有限公司
网　　址 / www.dolphinmedia.cn
邮　　箱 / dolphinmedia@vip.163.com
阅读咨询热线 / 027-87391723
销售热线 / 027-87396822
海豚传媒常年法律顾问 / 湖北申简通律师事务所
陈刚 18627089905 573666233@qq.com

无所不能的

数学

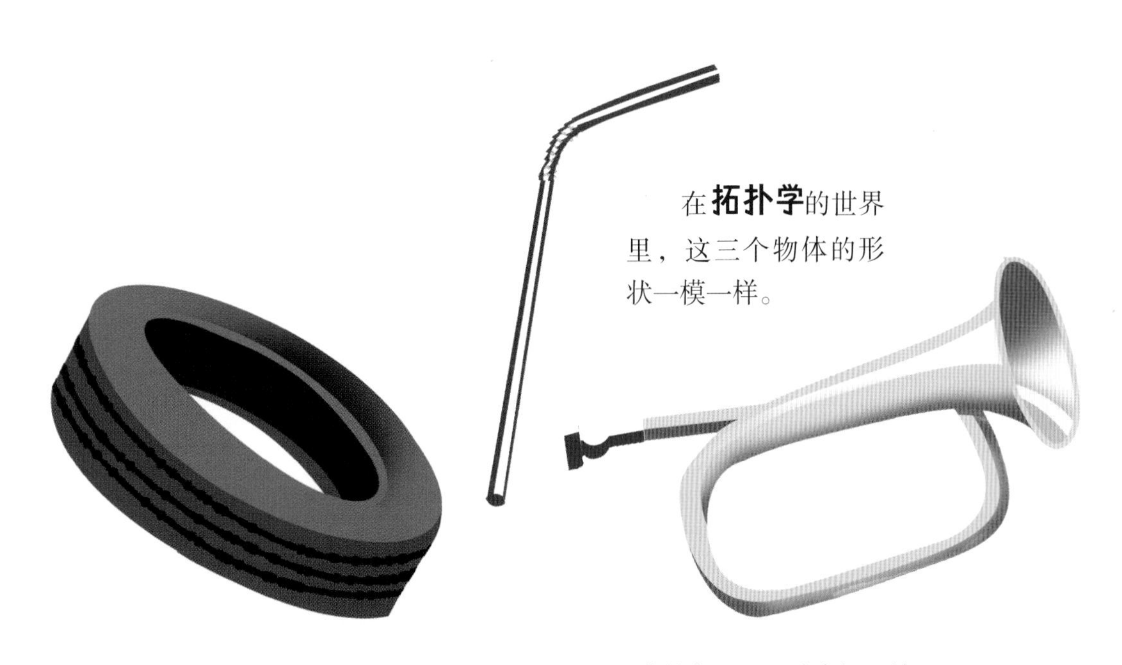

在**拓扑学**的世界里，这三个物体的形状一模一样。

［美］安娜·维特曼／著　［英］保罗·波士顿／绘

陶洁玉／译

SPM 南方传媒 | 新世纪出版社

·广州·

目录
CONTENTS

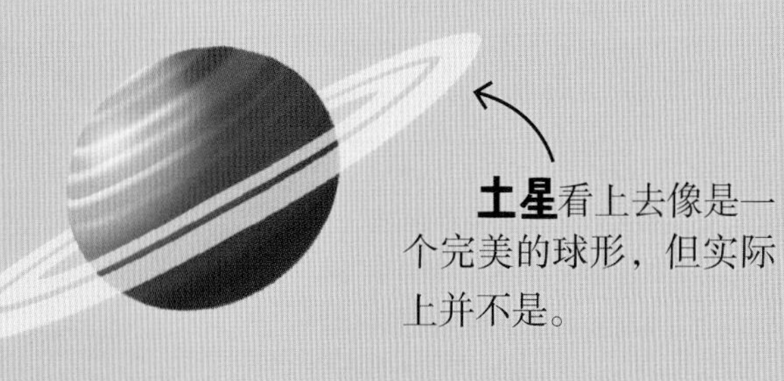

土星看上去像是一个完美的球形，但实际上并不是。

有一个关于**火腿三明治**飘浮在太空的数学定理。

如果世界上有**外星人**存在，它们采用的计数方式可能跟我们不一样。

关于本书

数学包括几何，也包括算术。但是，数学的范畴远远不止这些。

数学是我们生活中不可缺少的一部分，从城市到花园，从交通到天气，它无处不在。数学的世界充满了各种奇妙现象。

从不是圆形却可以滚动的物体到比宇宙本身还要大的数。数学常常令我们惊叹！

数学家们探索外太空最黑暗的地方，也寻找花园里阳光最充足的地方。他们运用数学知识建成高楼大厦，保护信息安全。他们玩游戏、画画、作曲时都会用到数学。从远古时代的结绳计数，到如今可瞬间进行复杂算法的计算机，数学的脚步从未停歇。数学家也许就是我们中的任何一个人，包括你和我。

向日葵花盘的螺旋线数量是有规律的。

蜜蜂会数数。

如果我们生活在一个**四维空间的世界**里，我们就像拥有透视眼的超能力一样。

你被**闪电**击中的可能性很小，但是中彩票大奖的可能性会更小。

雪花具有对称性。

一次跳伞的**微死亡率**是10，然而试图攀登珠穆朗玛峰的微死亡率是37932。你知道微死亡率是什么吗?

本书包含了数百个精彩绝妙的数学知识。你可以按照书本的页码顺序阅读，或者随意翻开一页来了解自己感兴趣的内容。在书中，你会遇到著名的数学家、能变成咖啡杯的甜甜圈以及会数数的植物；你能学到有关自然、艺术、建筑和体育方面的数学知识，例如一张纸到底需要折叠多少次才能让它的厚度达到月亮与地球之间的距离（比你想象中的次数要少）、一个非常小的数学错误如何导致一架价值1.25亿美元（约合人民币8亿元）的航天器坠毁……同时，你也会在本书中了解到一些数学技巧，比如学着设定一组牢不可破的密码；还可以通过一些令人费解的难题测测脑力。

数学是如此不可思议，它无处不在，无所不能。你所看到的、触摸到的、想象到的一切，都可能和数学息息相关！闲话少叙，我们现在就开始探索数学的奥秘吧！

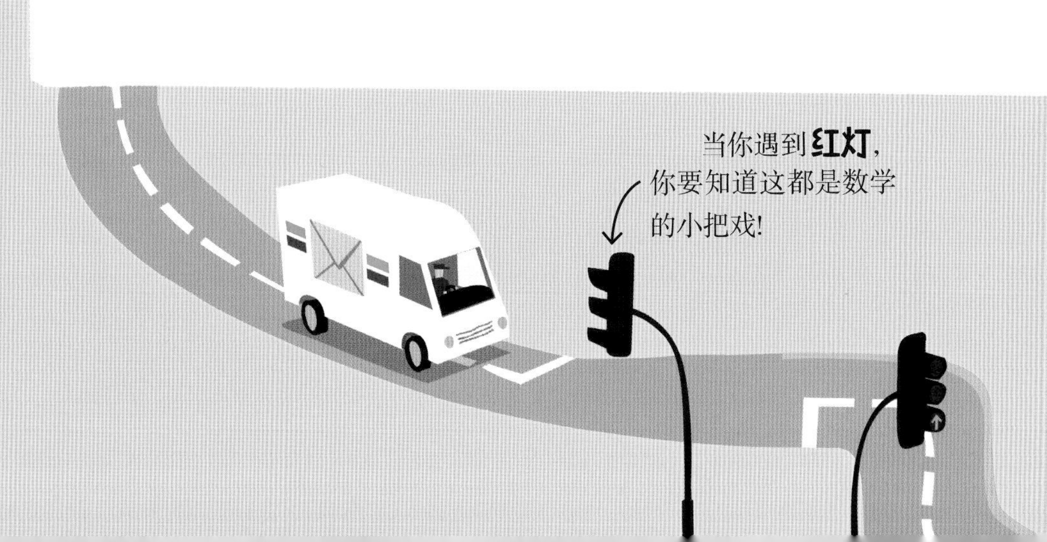

当你遇到**红灯**，你要知道这都是数学的小把戏!

高宽比（建筑的高度与宽度之比）说明越细长的建筑越容易让你感到头晕。

什么是数学？

我们在学校里会学习数学，但是数学并不仅仅是算术。从几何、代数到微积分，数学家们研究万事万物。那么到底什么是数学呢？它又源自哪里？

数学不仅是数字，还有加减乘除。关于数学的知识实在太多啦！下面这些是数学的不同分支，你知道多少呢？

概率论和统计学研究不同结果出现的可能性有多大。比如掷骰子、抛硬币！研究这些的数学家被称为概率论者，他们知道怎样计算出某种结果出现的可能性。

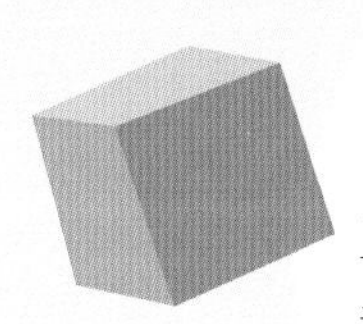

几何学是对空间的研究，例如平面空间、三维空间等。研究几何学的数学家被称为几何学家。他们主要研究线条、角度和形状。

Σ x π

代数是关于数学符号的研究，包括我们常见的数字以及像π（表示圆周率3.14159……）、x（通常用于表示未知数），i（表示-1的平方根，也被称为虚数单位）这样的符号。研究代数的人被称为代数学家，他们喜欢研究顺序和结构。

$\propto$ y

组合学是关于组合的数学研究。组合学家通常回答这类问题："两只红袜、三只绿袜和一只蓝袜可以组成多少双不同的袜子？"如果你喜欢整理、归类东西，组合学可能很适合你！

拓扑学是对可拉伸、弯曲以及缠绕在一起的形状的研究。拓扑学家试图将咖啡杯变成甜甜圈，甚至想徒手把充气的气球翻个面。他们是数学领域里的魔术师！

微积分是关于变化的研究。如果你喜欢提出这样的问题："有多快？""有多远？""有什么不同？"可能你会喜欢微积分这门学科！

当我长大了，我希望可以成为数学达人！

很多人在工作中会运用到数学，让我们去看看！

工程师利用几何学、统计学和概率论来建造桥梁和公路。

生物学家利用微积分来预测病菌的传播途径。

雕塑家受几何学和拓扑学的启发，创造出令人惊叹的艺术品。

商店经理利用代数和统计学来制定他们的销售计划。

航天员运用微积分和代数来驾驶宇宙飞船。

数学老师会教给我们很多数学知识。

数学这门学科源自何处？

可能始于数万年前的计数。

因为古人需要记录数量，所以他们发明了数字和算术。他们借此来建造坚固的建筑物，于是几何学应运而生。

一些复杂的古代数学原理与记录时间、季节有关。古时候生活在中东、东亚和美洲地区的人需要准确地知道四季变换的时间，这样才能推算出农作物种植和收获的最佳时机。数学被应用到观察、记录和预测中，因而得到了发展。

日常生活中的数学

数学主宰着我们的世界。数学老师可能告诉过你数学是有用处的，你的老师没有说谎！许多基本的日常生活问题实际上都是数学问题。

我们能看到的数学

环顾四周，你会发现数学无处不在：商店里特价商品的标签，医院里护士在计算药物的分量，或是一块比萨饼被分为相等的几份。这些都是人们在日常生活中会用到的简单计算。

在商店里

当商店进行促销活动时，我们会计算可以节约多少钱，或者对比同样的商品在其他地方买是不是便宜一些。

在建筑工地

建造一座新建筑涉及大量的数学计算，包括拟定计划、估算成本、计算需要多少混凝土和其他材料，还要确保建筑物在建成后不会倒塌！

5%的
存款利率

在银行

数学帮助我们计算出存款可以获得多少利息。

在厨房里

当我们做饭时，我们也在使用数学。例如，我们按照食谱估算需要放多少调料或者食材。

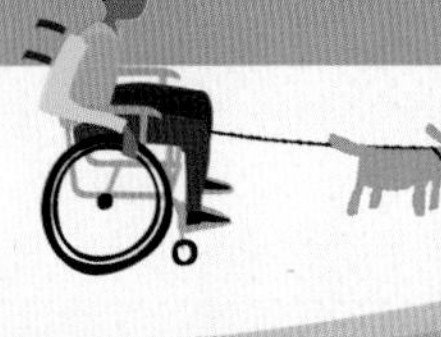

在路上

我们用数学计算出在既定速度下，开车到某个地方需要多长时间，油耗以及油费大概是多少。

我们看不见的数学

我们身边还有一些看不到的数学现象！例如，计算机用算法来预测一些事情。算法是一组数学规则或指令。算法通常被转化为计算机程序，这些程序对大量数据进行整理排序，并将其转化为有用的信息。算法帮助数学家们从测量和统计中找到研究对象的规律。

天空中的数学

为什么你买的机票会比邻座的机票贵呢？数学！计算机算法可以根据购买需求的变化调整机票的价格。

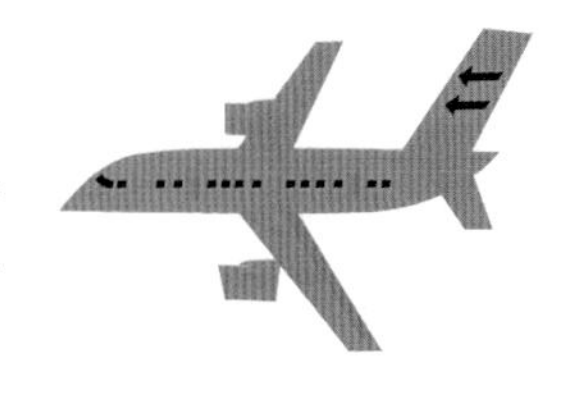

中心辐射

数十亿的信件和包裹如何快速地到达目的地？又是数学！算法为邮件选择最便捷的路线。首先，将其发送到集散中心，数学家称之为集线器。在这里，它们被分类并发送至最终目的地。往返于集线器的路径被称为辐条——就像自行车轮的辐条一样。

概率有多大？

保险公司使用算法来计算事故发生的概率。

停，行，停

交通信号灯如何控制红灯亮的时间？数学！算法可以推算出车流在十字路口最高效的通行方式。

智能音乐

智能手机如何得知我喜欢听什么音乐？这又是数学的功劳！大数据对数百万人的听歌偏好进行算法分析，从而知道我们想要听什么。

雨天还是晴天？

气象学家如何预测天气？计算机通过分析大量关于大气和海洋的数据，再根据算法判断最有可能出现什么天气。然而，算法不可能永远正确——所以它只能被称为预测。

数学简史

数学起源于哪里？让我们一起来看看从史前结绳计数到现代数学有哪些重大发现。

公元前43000年

最古老的**书写数字**被发现于非洲，它们是一组在狒狒腓骨上被有意雕出的缺口。这块骨头被叫作列朋波骨。

公元前4000年

居住在苏美尔地区（现在的伊拉克）的人们使用小块泥板来记录事物的数量，这种原始图书现在被称为泥板书。

大约公元前3000年

古巴比伦的老师们开创了布置数学**作业**的先例。

公元前3100年

苏美尔人创建了第一套完整的**数字系统**——人们不再需要在骨头上计数了。

公元前2200年

传说中，有一只乌龟向夏禹展示了洛书，即**幻方**。这个幻方是一道数学谜题：用数字1到9填满3乘3的网格，使格子横向、竖向、斜向的数字之和必须是15。小朋友，你知道答案吗？

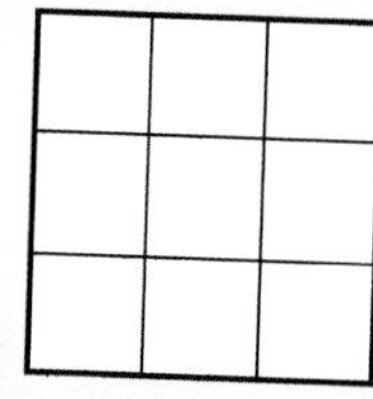

在本书的后面找答案！

公元前1650年

π

古埃及人使用一个非常接近于圆周率π的数字来计算圆的面积。

公元前330年

古希腊数学家**欧几里得**著有《几何原本》，这是有史以来最著名的数学著作之一。

公元前300年

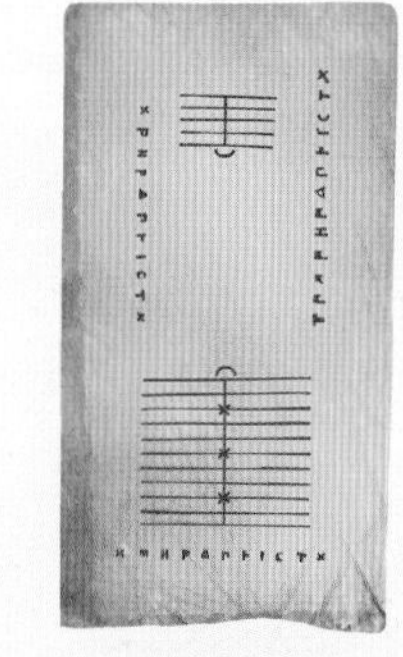

萨拉米斯算盘，又名希腊算板，这是一种古老的**计算器**。

公元前48年

著名的**亚历山大城**图书馆被大火烧毁，许多古老的数学典籍被付之一炬。

公元263年

中国人最早提出了**负数**的概念。印度直到公元620年才认识和运用负数。欧洲人则在19世纪才广泛使用负数。

大约公元250—900年

在中美洲地区，玛雅人创造了复杂的**历法**。

公元600年左右

印度-阿拉伯数字中“0”的符号日益明确，还逐渐发展出了十进位值制。

公元820年

在伊朗，第一本代数书诞生了。“al-jabr”是书中标题的一部分——这就是英语专有名词“代数”的由来!

公元876年

印度的瓜廖尔石碑最早记录了**“0”**这一数字符号。

公元1486年

德国人最早使用**加号**“+”和**减号**“-”。

公元1557年

有个英国数学家厌倦了一遍又一遍地写“等同于”这几个字，于是**等号**“=”应运而生，取代了“等同于”。

17世纪晚期

在做代数运算时，有人开始用x、y、z来表示**未知数**。在此之前，人们要用一整句话来表述代数的概念。

17世纪后期

数学家艾萨克·牛顿和戈特弗里德·莱布尼茨分别在同一时间发明了**微积分**！他们余生一直为谁是微积分的“第一发明人”而争论不休。

公元1795年

第一套国际**度量衡制度**——公制度量衡制度诞生了。

公元1822年

英国数学家查尔斯·巴贝奇发明了**第一台计算机**。

公元1972年

第一台**便携式计算器**开始对外销售。

公元1975年

分形理论被首次提出。

公元1976年

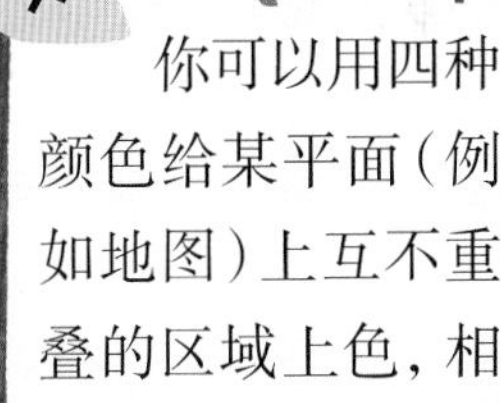

你可以用四种颜色给某平面(例如地图)上互不重叠的区域上色，相邻区域的颜色不会相同。这就是**四色定理。**

公元2000年

美国克雷数学研究所公布了数学界七大**未解难题**。谁能破解其中任何一题，即可获得100万美元(约合人民币640万元)的奖金。

公元2019年

谷歌工程师爱玛将圆周率π计算到小数点后31.4万亿位。

数学名人堂

这些著名的数学家你认识多少呢？让我们来参观一下数学名人堂，认识更多的数学家吧！

欧几里得

（约前330—前275）

古希腊

欧几里得是现代几何学的奠基人，他的《几何原本》沿用至今，已有近2000年的历史。

刘　徽

（约225—约295）

中　国

刘徽记载了一些世界上最早的数学证明。他是最早明确主张用逻辑推理的方式来论证数学命题的人。他的论证对现代数学的发展至关重要。

希帕蒂亚

（约370—约415）

古罗马

希帕蒂亚是著名的女性数学家和天文学家。遗憾的是，她大部分的作品已经佚失了。希帕蒂亚因为她的信仰被迫害致死。

婆罗摩笈多

（约598—约660）

古印度

婆罗摩笈多是第一位在作品中大量使用0的数学家。同时，他也规范了负数运算的法则。

穆罕默德·伊本·穆萨·花拉子米

（约780—约850）

阿拉伯帝国

花拉子米是一位著名的数学家，他建立了沿用至今的代数规则。花拉子米还将阿拉伯数字（0，1，2，3，4，5，6，7，8和9）引入欧洲。

卡尔达诺

（1501—1576）

意大利

卡尔达诺是一位数学家、医生，也是一个赌徒。他是最早研究概率的数学家之一。

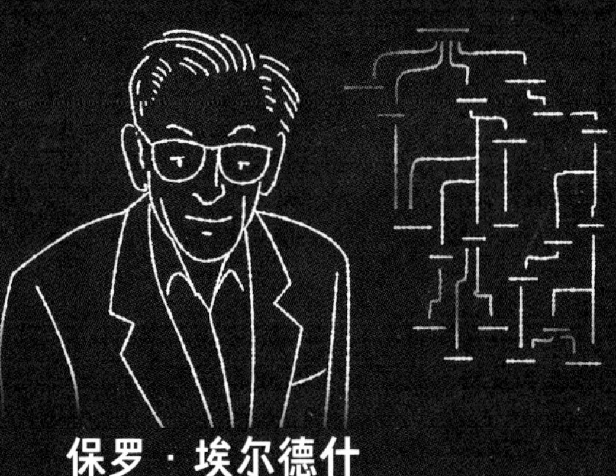

阿达·洛芙莱斯
（1815—1852）

英　国

阿达·洛芙莱斯可能是第一位计算机程序员！她为最早的计算机雏形——分析机编写了一套程序。

索菲娅·柯瓦列夫斯卡娅
（1850—1891）

俄罗斯帝国

柯瓦列夫斯卡娅是数学领域的女性先驱，她是现代欧洲史上第一个获得数学博士学位的女性。她致力于数学领域中有关水、声音以及热量是如何运动的研究。

保罗·埃尔德什
（1913—1996）

匈牙利

埃尔德什非常乐意与其他数学家们一起工作。数学家们对“埃尔德什数”津津乐道：与埃尔德什合写论文的人，埃数为1；没有与埃尔德什本人合写论文，但与埃数为1的数学家合写论文的人，埃数为2……以此类推！

约翰·康威
（1937—2020）

英国

康威喜欢玩数学游戏。他发明了“生命游戏”，在这个游戏中，你可以观察微小的细胞群在一套简单的规则下进化。

在“生命游戏”中，有颜色的格子表示活细胞，空白格子表示死细胞。游戏规则：

1. 一个活细胞如果有两个或三个相邻的活细胞，那么它就可以存活。
2. 一个活细胞的相邻活细胞数如果低于两个或超过三个就会死亡。
3. 一个死细胞如果有三个相邻的活细胞就会复活。

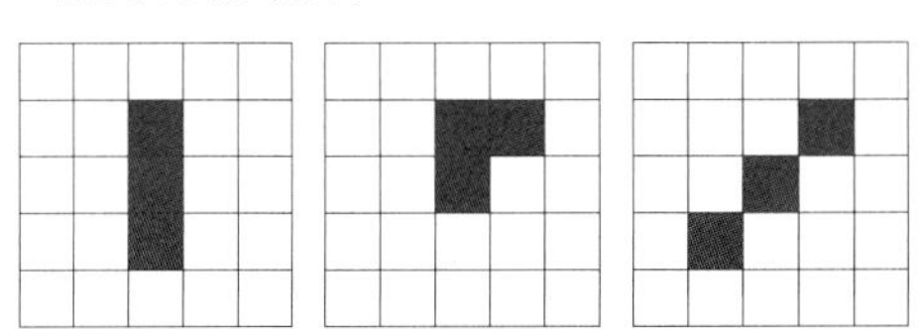

小朋友，你能计算出上面这三组细胞中哪一组会全部死亡吗？

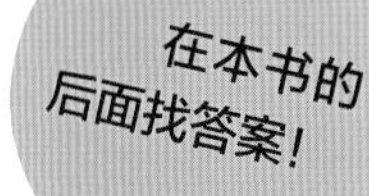
在本书的后面找答案！

威廉·阿尔弗雷德·梅西
（1956—）

美　国

梅西研究的是“应用数学”——能被工程师、科学家、经济学家用来研发新技术、治疗疾病、发展通信手段等的数学。

陶哲轩
（1975—）

澳大利亚／美国

陶哲轩在2岁时已经自学了算术，15岁时创作了人生第一本书《陶哲轩教你学数学》。他在几个尚未解决的世界性数学难题上取得了重要成果。

玛丽安·米尔札哈尼
（1977—2017）

伊　朗

米尔札哈尼是唯一获得过菲尔兹奖的女性。她因在双曲几何方面的贡献而获奖，双曲几何学研究的是呈弯曲形状的面，如莴苣叶和马鞍等。

有哪些数字很受欢迎呢？

小朋友，快看过来！是时候认识这些明星数字啦，让我们来探索一下它们为什么如此特别！

最有用的数字

你知道数字0只有不到2000年的历史吗？在0出现之前，并没有一个数字可以用来表示“什么也没有”！如果没有0，人们该怎么办呢？

如今，我们将“0”用于两种不同的情况。第一种情况表示什么也没有。第二种是用来表示非常大或者非常小的数。在0出现之前，人们使用复杂的符号和图案来书写非常大和非常小的数。当我们有了0，数的书写就变得十分简便了。

用数字2和0，我们可以写出无限大和无限小的数。

0.0002，
0.002，
0.02，0.2，
2，20，200，
2000，
20000

古埃及人没有数字0。他们用不同的图案来表示1，10，100，像这样一直到一百万。这意味着一些数会非常非常长。一起来看看吧！

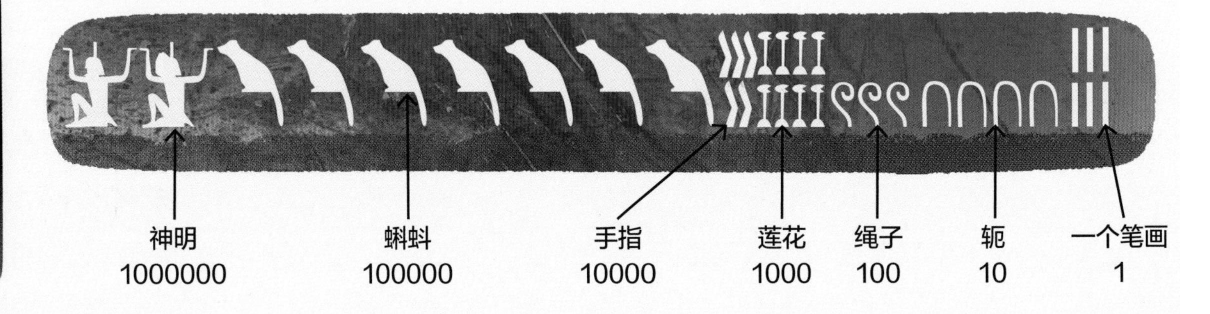

其他特殊的数

你能通过这一组特殊的数知道下一个数是什么吗？

三角形内点的数量

这些点分布在三角形内。前四个三角形的点数分别是：1，3，6，10。

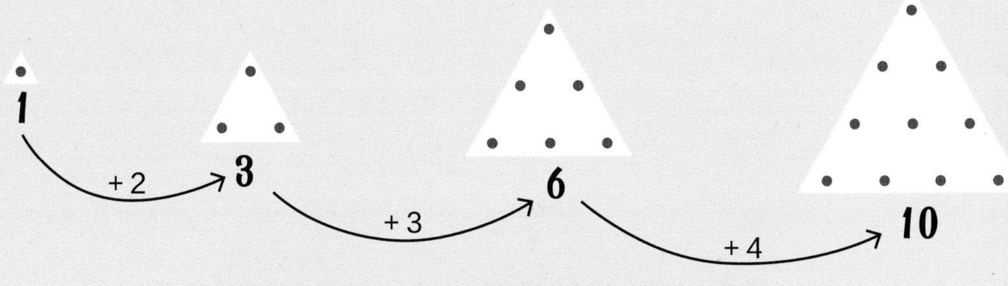

相邻三角形内部点数的差值会以1递增。

完全数

6是完全数！这是为什么呢？

因为如果把6所有的约数（除了它本身）相加，和恰好等于6。（如果A能被B整除，则B为A的约数。如6的约数有1，2，3，6）

6可以被1、2和3整除。1+2+3=6

最受欢迎的数字

英国数学家亚历克斯·贝洛斯发起过一项调查，让3万人选出他们最喜欢的数字。得票率最高的数字是几呢？是7！

截至目前，已经发现了51个完全数。6是最小的完全数。最大的完全数有49724095位！如果把这个最大的完全数写出来，假设每个数字有1厘米宽，总宽度相当于从旧金山到洛杉矶的距离。

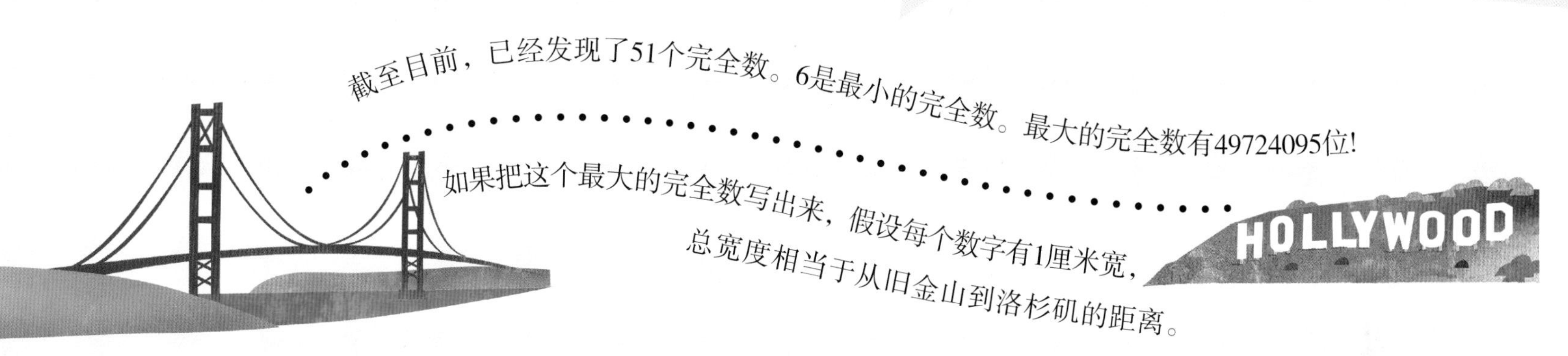

最常见的首位数字

如果你见过大量的数据列表，可能会注意到一些规律。例如，列表中的数经常以1开头。事实上，以1作为首位数字的数的出现概率几乎高达三分之一！

这一现象被称为本福特定律，它适用于各种数据的统计，从国家人口数量、河流流域面积到恒星与地球之间距离的记录。

最不常见的首位数字是什么？是9。根据本福特定律，数据列表上的数以数字9开头的概率只有5%。

比萨饼数

如果沿直线切开比萨饼，那么你最多能得到几块比萨饼呢？

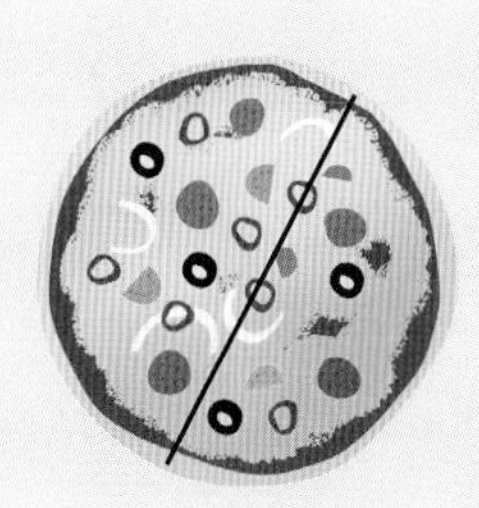

1条线：**2**块比萨饼

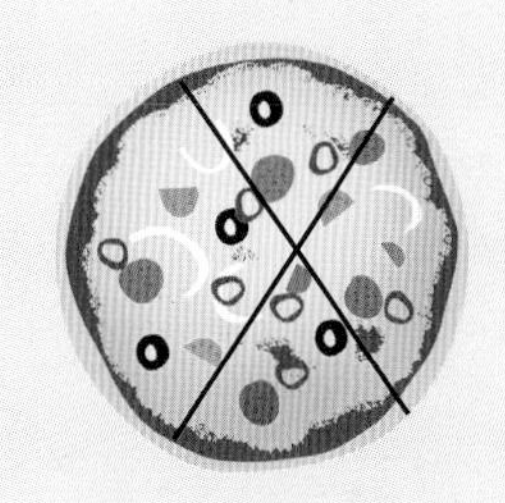

2条线：**4**块比萨饼

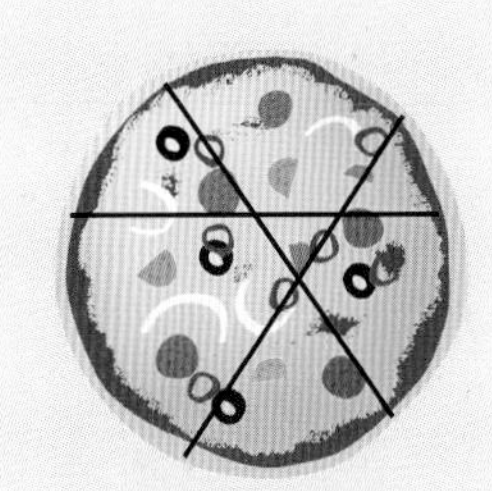

3条线：**7**块比萨饼

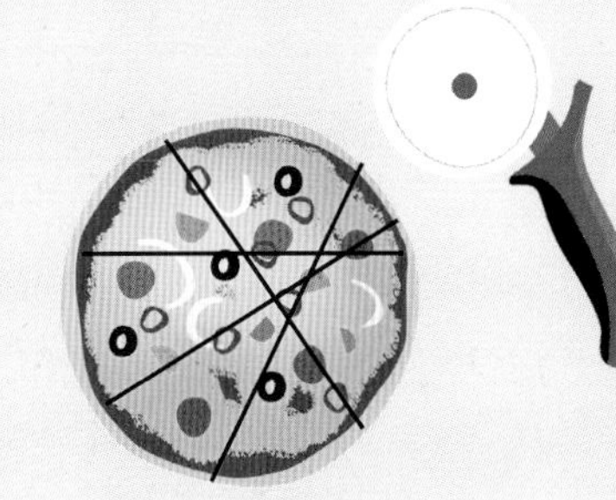

4条线：**11**块比萨饼

+2　+3　+4

一个世界，多种计数语言

四海皆一家，但我们有成千上万种方式去表示“1”！下面是用不同国家的语言来数1～5。

皮拉罕人是一群居住在亚马孙丛林的原住民。他们从来不数数，因为在他们的语言中找不到任何跟数字相关的词。他们用hói(少量的)和baágiso（大量的）表示数量的多少，他们语言中再也没有更精确的数量词了，比如10或者50。

在英语中，数字是以十进制来进行计数的，但是西非的**沃洛夫人**，他们的数字是以五进制来进行计数。1是“benn”，5是“juróom”，6是“juróom-benn”（5+1）。

在英语书面表达中，大家计数的方式是统一的。

但如果是英国手语或美国手语的话，那就不一定了！

美国手语

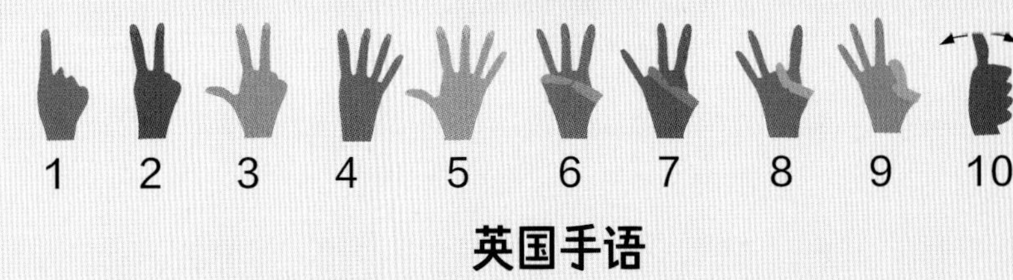

英国手语

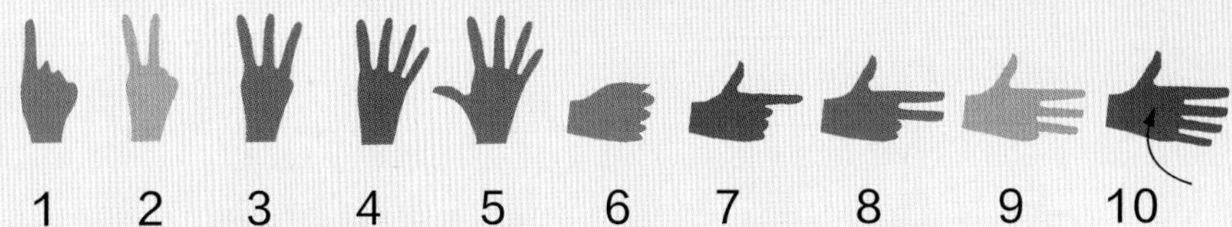

俄语：
a'din, dva, tri,
chetyre, pyat'

希腊语：
énas, dýo, tría,
téssera, pénte

亚 洲

韩语：
hana, dul, sam,
nes, daseos

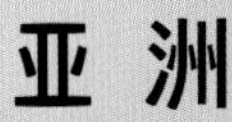

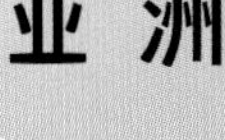

乌尔都语（巴基斯坦）：
aik, dow, teen,
chaar, paanch

汉语：
yī, èr, sān,
sì, wǔ

希伯来语（以色列）：
akhat, shta'im,
shalosh, arba,
khamesh

印度尼西亚语：
satu, dua, tiga,
empat, lima

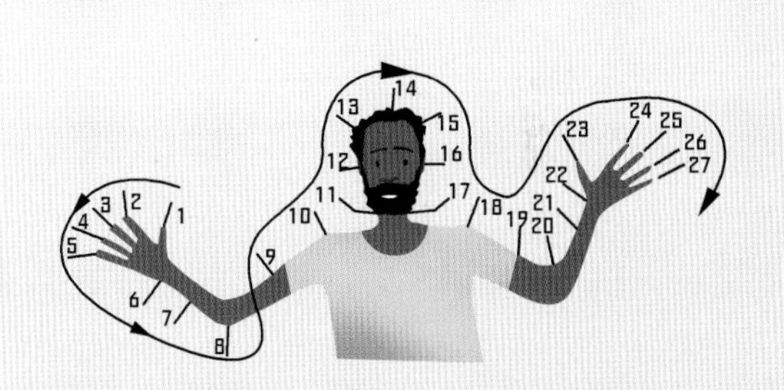

来自巴布亚新几内亚的**奥克萨普明人**，他们用身体部位来进行计数。人用手指从1数到5，再数到手腕、手肘、肩膀和脸。数字是以身体部位来命名的。当人们数到14时（14对应的是鼻子），他们会从身体的另一侧由上往下重新开始计数，并且加了一个单词“tan”（表示另外一侧）。

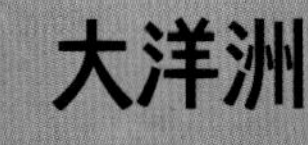

大洋洲

在巴布亚语言中，**布齐意普语**拥有两套不同的计数方法。人们使用哪一种方法取决于他们计数的对象。比如对鱼、椰子和日期使用的是一套计数方法，而对槟榔果、香蕉和月份使用的是另一套计数方法。

为什么1+1=2？

有没有这样一个地方？在那里18+2=10，1+1=10。你觉得可能吗？

我们通常用“十进制”来计数。如果我们使用其他方式计数，结果会怎样呢？

十进制

所有的计数系统都以数字1开头。在**十进制**中个位数会计数9次，超过**9次**，就会向前进一位，这叫逢十进一。十位数累计满**9次**后向百位进一位，依次类推。

十进制如下图所示：

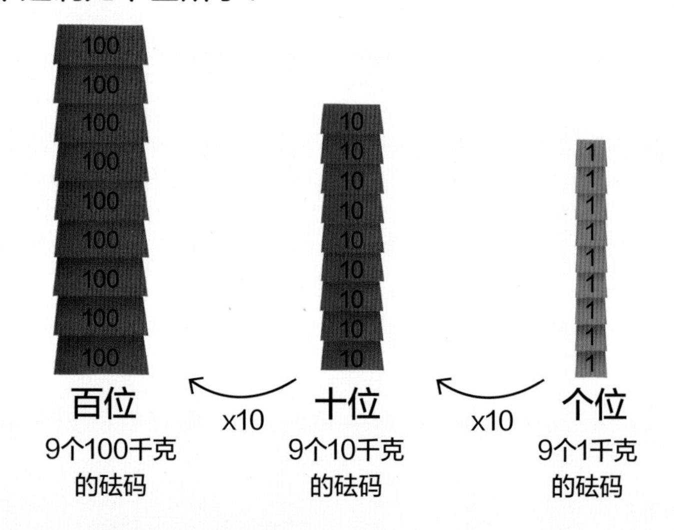

采用十进制的砝码来演示，熊的重量是159千克。

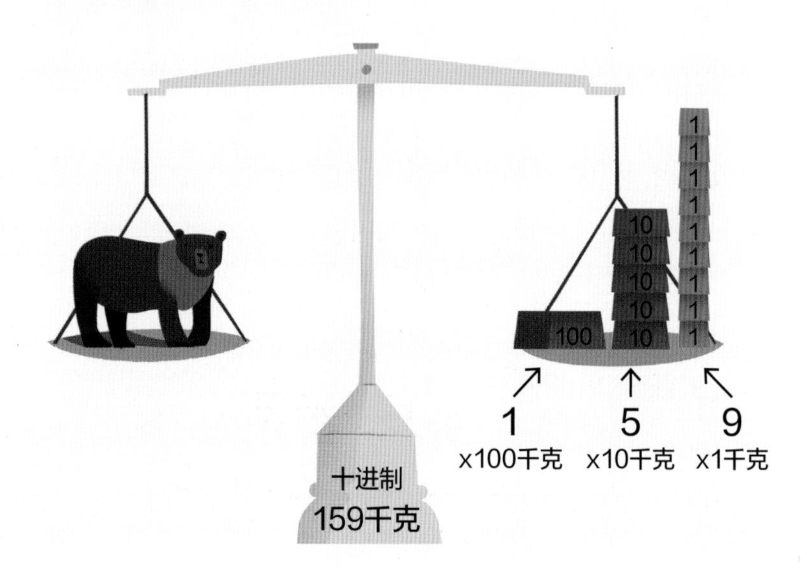

六进制

如果采用六进制计数，意味着我们需要在个位数上计数**5次**，超过5次后，就会向前进一位，这叫逢六进一。六位数满**5次**后向三十六位进一位（也就是6个6），依次类推。

六进制如下图所示：

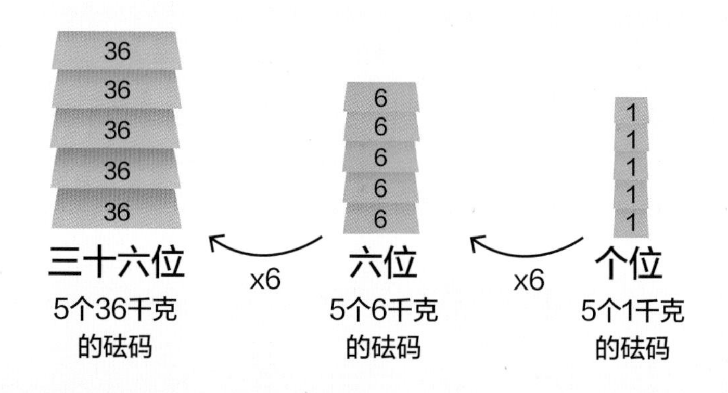

采用六进制的方式来计数，熊的重量就变成423千克。

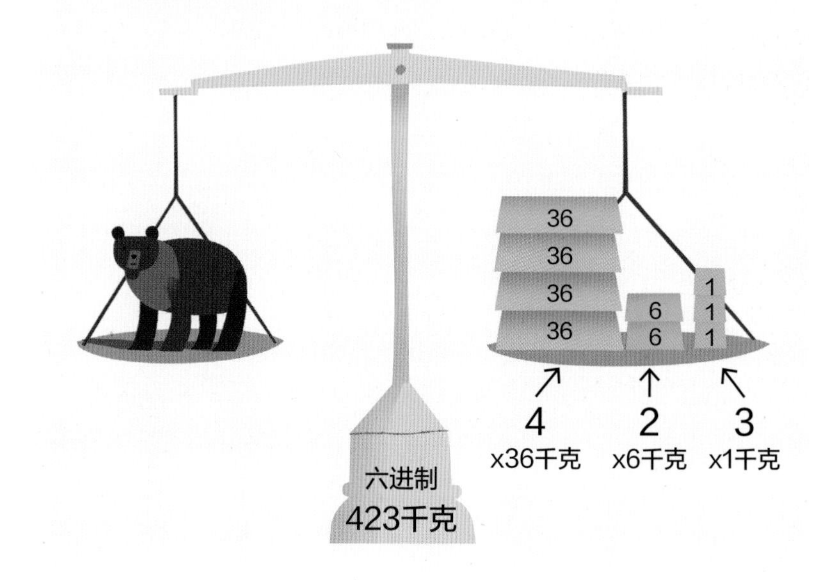

古代世界

十进制对于现代人来说是一个常用的计数方式。但是在几千年以前，人们使用不同的方式来进行计数。古巴比伦人采用**六十进制**，他们会在个位上累积59次再向前进一位。十进制对于他们而言，就像我们眼中的六十进制一样奇怪。

1 2 3 4 5 6 7 8 9 10 20 30 40 50 60

古巴比伦人的计数方式有一个很大的缺点。在很长一段时间里，他们没有任何符号来记录位数为空的情况。我们用数字0来表示1和10的区别。但是古巴比伦人没有表示“0”的符号。60和1的写法完全一样。这就让人感到很困惑！

即使在现代，十进制也不是我们唯一的计数方式。

时 间

1分钟有60秒，1小时有60分钟。这就是**六十进制**！猜猜看，这种计时方式是源自哪里呢？它起源于古巴比伦。

盎司和英镑

1英磅等于16盎司，这里采用的是**十六进制**的计数方式。

英寸和英尺

1英尺等于12英寸。如果使用英寸和英尺来测量身高，那么你采用的是**十二进制**的计数方式。

二进制

二进制由0和1组成，是计算机专用的一种计数方式。以**二进制**的形式编写的信息可以储存在一系列程序中，用来生成“通电”或“断电”的指令。如果没有二进制，计算机就无法运行了。

计 数

并不是所有人都使用十进制的计数方式！例如，西非的约鲁巴人使用**二十进制**。

外星人世界

外星人会怎样计数呢？我们采用十进制，大概是因为人类有十根手指吧！如果外星人手指的数量跟我们不一样呢？那么他们也可能会采用其他的计数方式哟！

广袤无垠的数学

有什么比宇宙更辽阔呢？是数学！现实生活有界，而数学无界。数学家们在数学世界里孜孜不倦地探索着。

幂的力量

幂的作用非常多，它可以帮助我们写出非常大的数字，但不会占用太多空间。

下面的数读作10的6次方。

$$10^6=10\times10\times10\times10\times10\times10=1000000$$

让我们来看看一些巨大的数字吧！

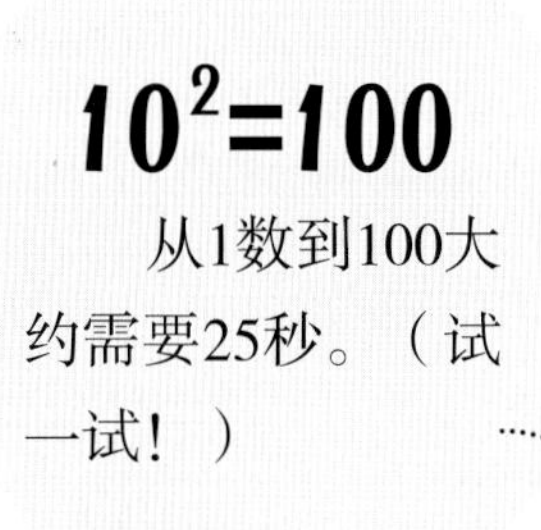

$10^2=100$

从1数到100大约需要25秒。（试一试！）

10^6=一百万（1000000）

2007年，吉尼斯世界纪录参赛者杰里米·哈珀大声从1数到1000000，共花费89天。

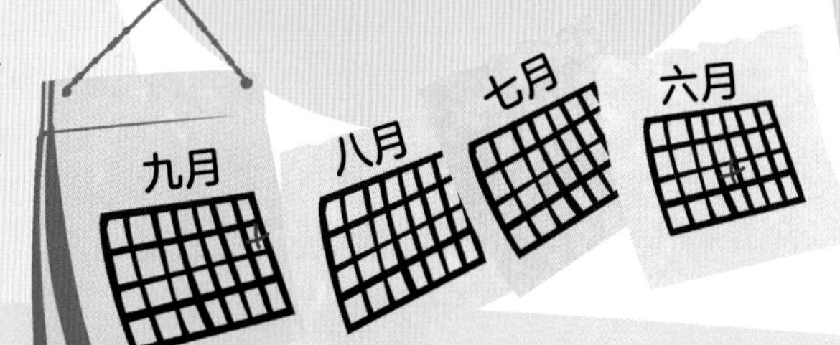

十亿

10^9=十亿（1000000000）

一个人不可能数完10亿，因为那要花大约100年之久！

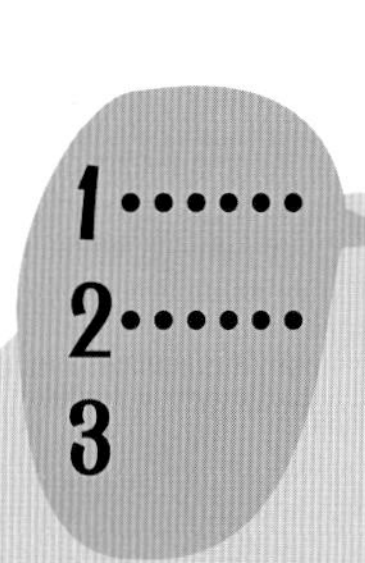

10^{12}=一万亿（1000000000000）

如果石器时代的人类在10万年前开始数数，那他们现在才刚刚数完1万亿。

计量大小

下图以“米”为单位记录了物体的大小的数量级。从一个人到可观测的整个宇宙，我们都能使用幂次方来表示。

10^0 人的身高

10^4 珠穆朗玛峰的海拔

10^7 地球的直径

10^9 太阳的直径

10^{12} 太阳系（从太阳到海王星）的直径

10^0米=1米　10^3米=1千米　10^6米=1兆米　10^9米=1千兆米　10^{12}米=1太

1000000000000000000000000000000000000000000000000000000000000000000000000000000000000000000000000000000

10^{100}=1个古戈尔（1后面跟着100个0）

这个数字由一个9岁男孩命名为“古戈尔”。“古戈尔”只存在于数学家的想象中——现实中根本不存在“古戈尔”量的事物!

10^{GOOGOL}=1个古戈尔普勒克斯（1后面跟着1古戈尔个0，即10的古戈尔次方）

古戈尔普勒克斯表示一个非常大的数字，这个数字大到让人难以想象。如果你想跟你的小伙伴比谁说出来的数字大，你就可以说古戈尔普勒克斯!

10^{24}=百万的四次方

宇宙中恒星的数量大概有一百万的四次方。

∞=无穷大

“∞”是最大的数吗？不是！数学家们发现了不同大小的无穷大。

R=实数集

这是一个包括了所有数的集合——包括分数、小数、无限不循环小数（小数点后有无数位，但数字没有规律，如π）。

Z=整数集

这是一个由所有整数（包括正整数、0和负整数）组成的数集，也称为可数的无限数集。

是否存在一个有限的无穷大？暂时没人知道答案。

10^{16} 光年

10^{19}到10^{20}之间 银河系的可观测直径

10^{26} 可观测的宇宙

10^{15}米=1拍米　10^{18}米=1艾米　10^{21}米=1泽米　10^{24}米=1尧米　10^{27}

微观世界的数学

有什么数比1小，又比0大？那真是太多了！

负指数幂

指数既可以是正值，也可以是负值。负指数幂可以表示很小的数值。

0次方意味着什么呢？
$$10^0=1$$
实际上，任何数字的0次方都等于1。

这里的负号提醒我们，不能用10来自乘，而应该用0.1或者十分之一。

$$10^{-6}=0.1^6=0.1\times0.1\times0.1\times0.1\times0.1\times0.1=0.000001$$

下面我们来看看非常小的数字。

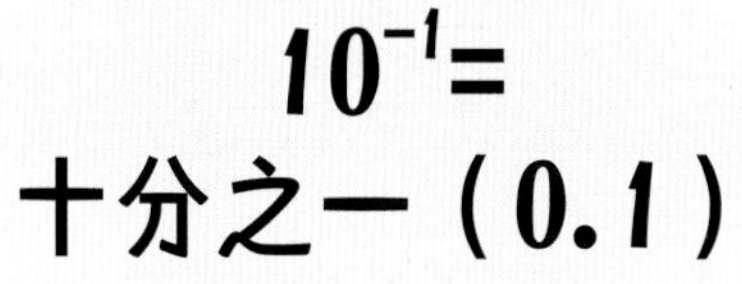

$10^{-1}=$ 十分之一（0.1）

世界上大约有十分之一的人生活在欧洲。

$10^{-2}=$ 百分之一（0.01）

如果今天你读了15分钟书，你用掉的时间大概是一天的百分之一。

$10^{-3}=$ 千分之一（0.001）

世界上已知最小的非寄生或共生的脊椎动物是阿马乌童蛙。它体长约7.7毫米，大概是一辆中型货车长度的千分之一。

探究微观世界

下图以米为单位记录了一系列物体的大小的数量级，从人类一直到最微小的物体。

10^0 人的身高

10^{-2} 人眼睫毛的长度

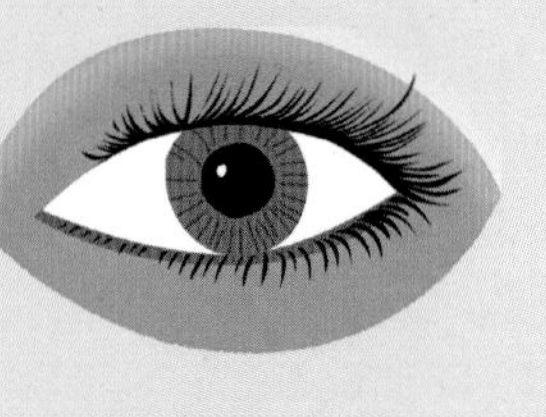

10^{-6} 红细胞的直径

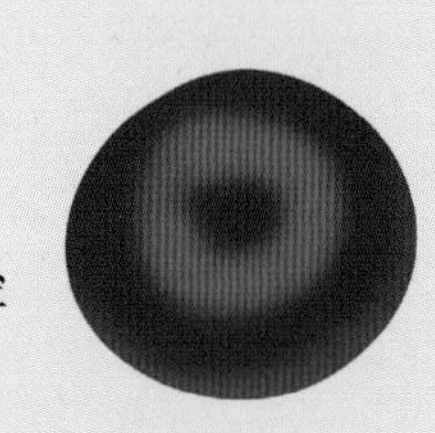

10^0米=1米　　10^{-3}米=1毫米　　10^{-6}米=1微米

$10^{-11}=$
0.00000000001

世界上最厉害的显微镜可以分辨出相当于氢原子半径的长度，约等于一千亿分之一米。

$10^{-16}=$
0.0000000000000001

两枚骰子连续掷十次，每次都出现两个1的概率大概是一亿亿分之一。

$10^{-100}=$
古戈尔分之一

这也是一个数！

$10^{-9}=$
十亿分之一
（0.000000001）

地球的年龄约为4600000000岁，你的年龄大概是地球的十亿分之几？

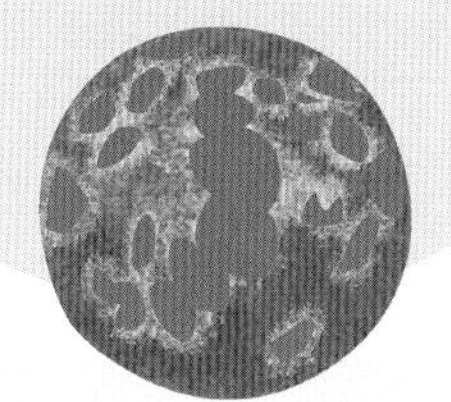

$10^{-183800}$

让一只猴子坐在打字机前，它一次性完美地打出莎士比亚的戏剧《哈姆雷特》的概率，就是$10^{-183800}$。这个数非常小，但它仍然大于0。

非常小或是不存在

0和0.1哪个更小？显然是0更小。0.1块蛋糕和什么都没有，你当然会选择吃上0.1块蛋糕。我们接着看看这个问题：0和0.000…1（无限个0），哪个更小？

这个问题很有趣，实际上它们一样大。可能你会认为0.000…1要比0大那么一点点，因为在无限个0之后还有一个1。但实际上，0和0.000…1没有大小之分。

小朋友，如果让你完整地写出数字0.000……1（包括所有0在内），你是不是真的可以写到1呢？

小数也有大用途

微小的事物也可以有巨大的影响力。

1990年，哈勃空间望远镜成功发射，但科学家们发现它传送回来的图像非常模糊。为什么呢？因为望远镜的镜片边缘薄了2微米（百万分之二米）。人们不得不花费15亿美元（约合人民币96亿元）来修正这个错误。

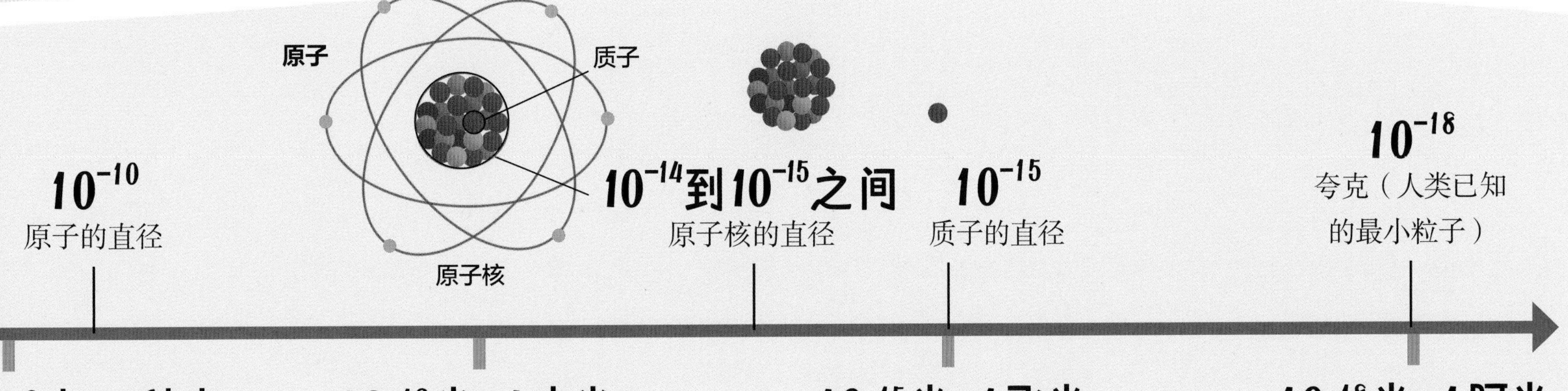

自然界里的对称之美

生活中有各种对称现象，让我们看看自然界中有哪些对称的事物吧！

旋转对称

一个图形围绕一个定点旋转一定的角度，如果能够与初始图形重合，那么它就是旋转对称图形。

反射对称或**镜像对称**就好比在物体中间放置了一面镜子。如果物体的两面或者多面互为镜像，那么该物体就叫作镜像对称物。

小朋友，你知道有哪些身体两侧不对称的动物吗？为什么大多数动物的身体都是对称的？

自然界中很多植物都是旋转对称的。

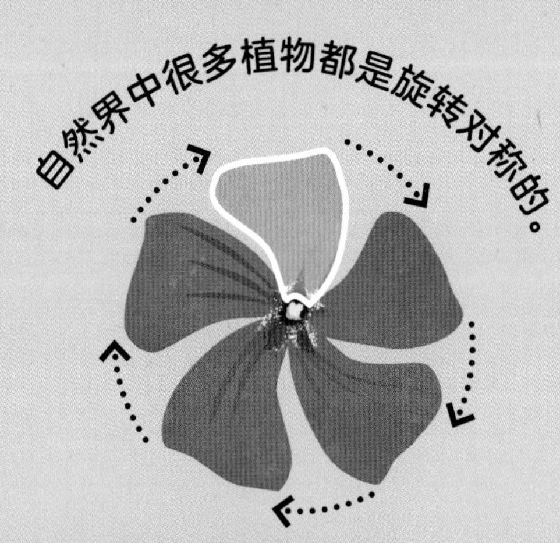

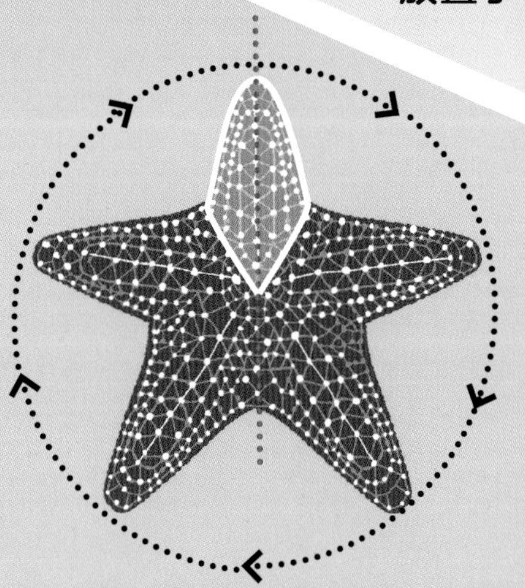

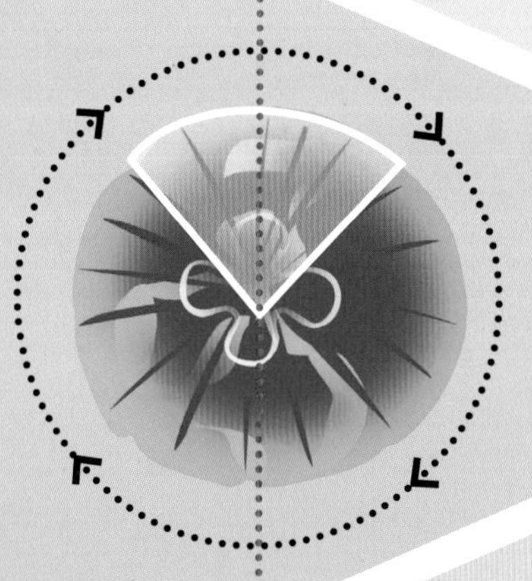

在海里

绝大多数旋转对称的动物生活在海洋里。例如海星和水母，它们的嘴巴位于身体正中央，分别用管足和触手在海洋中捕食。

然而有些生物和物质同时具备镜像对称和旋转对称的特点。

自相似性

如果你通过放大一个物体，发现许多与整体相似的微结构，那这个物体就具有自相似性。

分 形

“自相似性”是一种在“分形”理论中发现的对称模式。它们可能不容易被发觉，但是无处不在。无论是在放大还是缩小的情况下，自相似性通过不断重复的过程而产生。你只要仔细想想，就会发现自然界中很多事物都有这样的特性。

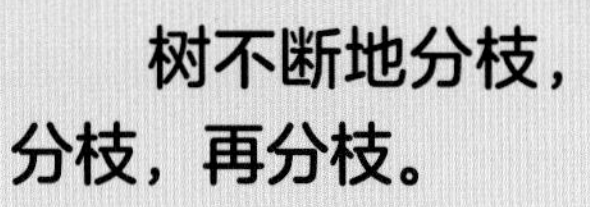

树不断地分枝，分枝，再分枝。

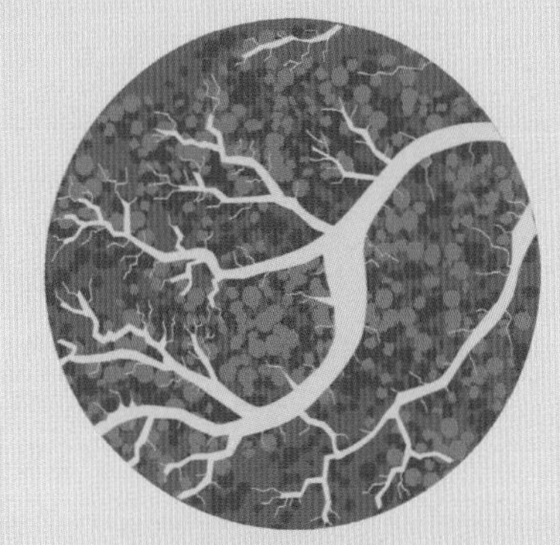

水流经溪流，流向小河，汇入大河。

飞行移动

科学家们认为动物身体呈镜像对称可以让它们行动起来更方便。想象一下，如果鸟类只有一只翅膀或者一对大小不同的翅膀，它们飞起来得多费劲啊！

炫 耀

有些动物认为“对称”非常迷人。当燕子或孔雀的尾巴接近于绝对对称的时候，它们会比同类更容易找到伴侣。

非对称

海绵是一种身体不对称的生物。

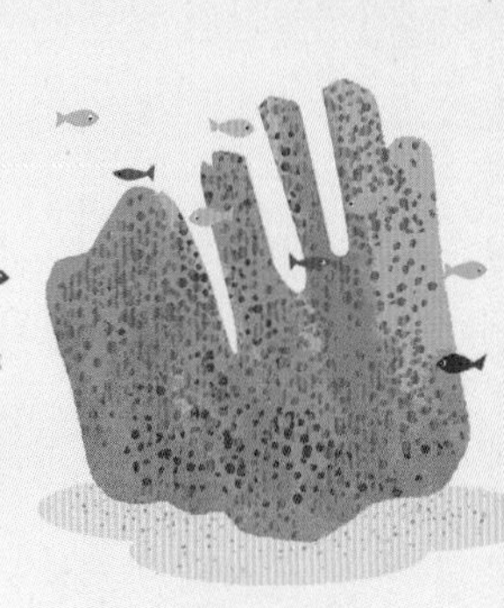

平移对称

如果图案移动到新位置后并未改变其原有的样子，那它就具有平移对称性。如果你玩过跳房子游戏或者是在家里从一块地砖跳到另一块地砖，那么你已经体验了平移对称。

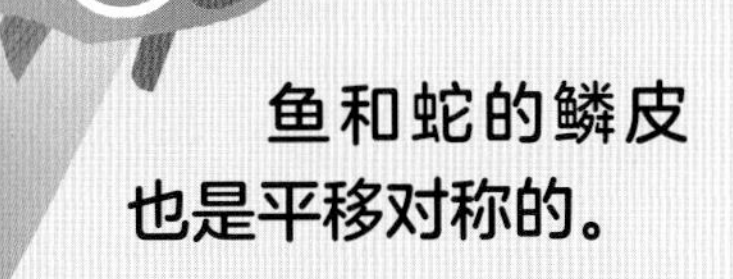

蜜蜂的六边形蜂巢

为什么蜜蜂在建筑蜂巢的时候会用到六边形和平移对称呢？因为方便高效！通过平移对称将相同的形状组合在一起，可以确保许多蜜蜂能同时在蜂巢里工作。六边形是最合适的形状，它们能紧紧贴合，也为蜜蜂在蜂巢内留出足够的空间。

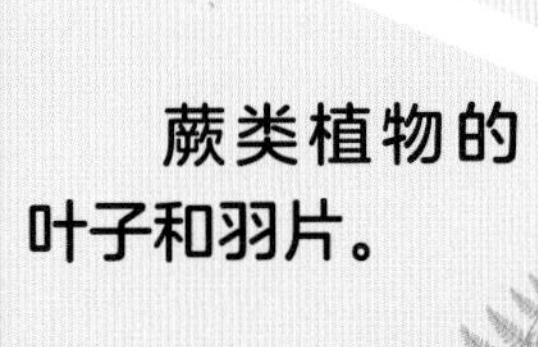

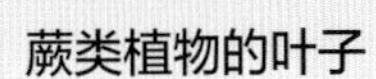

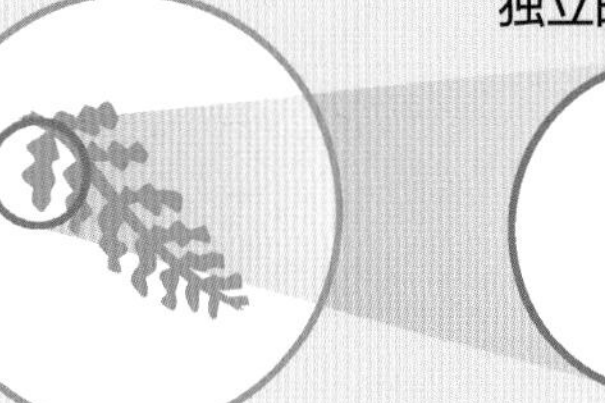

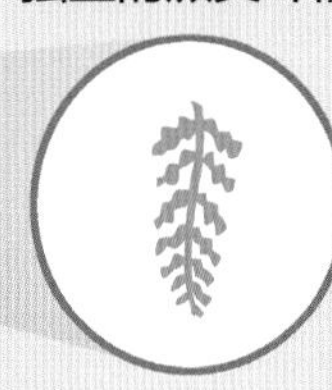

分形无处不在

花园里的数学

如果你想探究自然界的数学案例，那就去花园吧！如果没有数学，科学家们就会对自然界知之甚少。

豌豆概率

你知道花园里哪些是圆粒豌豆，哪些是皱粒豌豆吗？这似乎是生物学的问题，但也是数学问题。通过数学能够计算出豌豆是圆粒还是皱粒的概率。

豌豆的性状取决于植株本身的基因，基因是所有生物成长的指令。每一株豌豆植株都有两种基因，它们决定了豌豆的生长性状。

如果这两种基因中有一种是圆粒基因，这颗豌豆就是圆粒豌豆。

如果这两种基因都是皱粒基因，这颗豌豆就是皱粒豌豆。

生物学家认为豌豆的皱粒基因是隐性的，而圆粒基因是显性的。

豌豆植株分别从父母那里继承了基因。假设这颗豌豆的父母都有圆粒基因和皱粒基因，那这颗豌豆有多大概率是皱粒豌豆呢？为了解答这个问题，科学家们制作了一个表格。

答案是什么？皱粒豌豆出现的概率是25%。

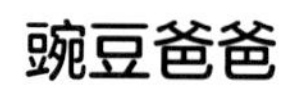

R
圆粒基因

r
皱粒基因

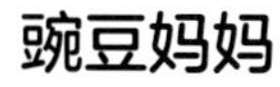

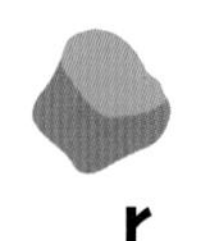

r
皱粒基因

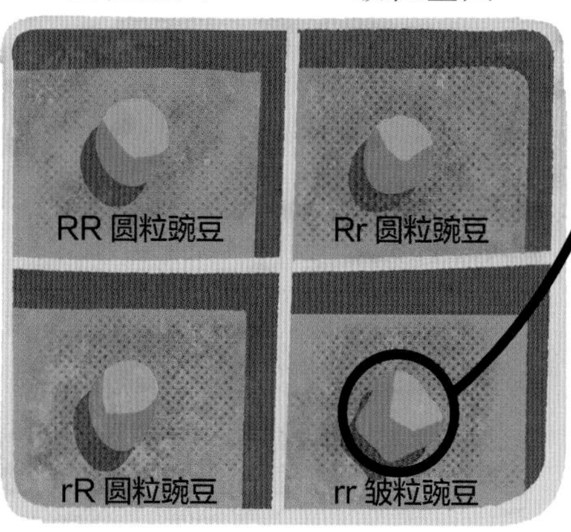

红色警报

21世纪初，流传着一个可怕的谣言：2060年，世界上将不会再有红头发的人了。谣言给出的理由是红头发基因是隐性的，红头发的人会越来越少，直到全部消失。幸运的是，概率学告诉我们只要世界上还有红头发的基因，红头发的婴儿就不会消失。

斐波纳奇数列无处不在

松果、花椰菜和向日葵有什么共同点？你如果仔细观察，就会发现一组有趣的数字排列，那就是斐波纳奇数列。

1，1，2，3，5，8，13，21，34，55，89，144，233，……

1+1=2 将前两个数相加就可以得到第三个数。

斐波纳奇数列出现在一些令人意想不到的地方。数一数松果、向日葵花盘或者是花椰菜上的螺旋线数量，那个数字一定会出现在斐波纳奇数列内。

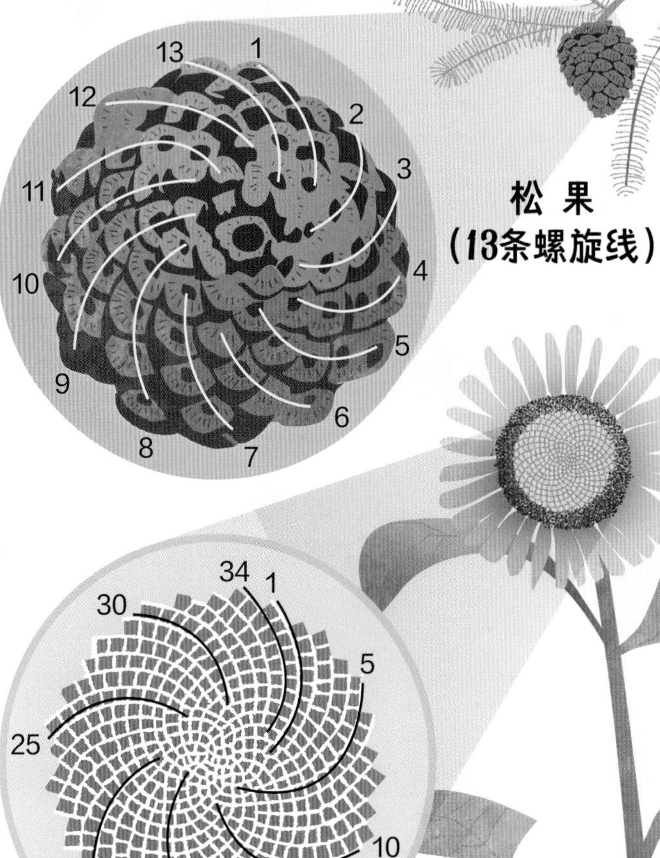

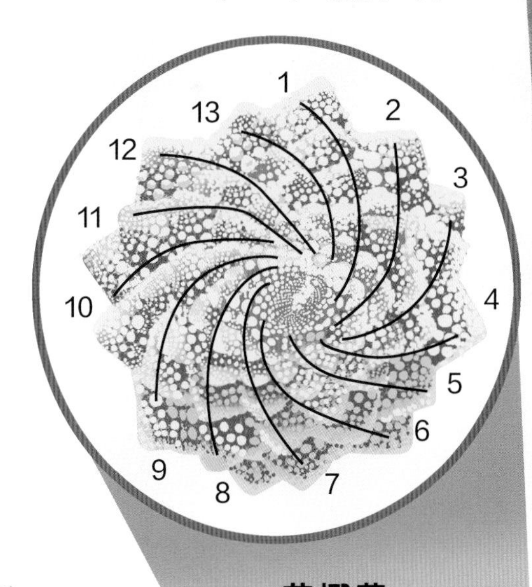

好多苍蝇啊！

天啊，这里有很多苍蝇！它们都起源于两只苍蝇。假如苍蝇每天繁殖，使其数量成四倍增长，那一周之后会有多少只苍蝇呢？

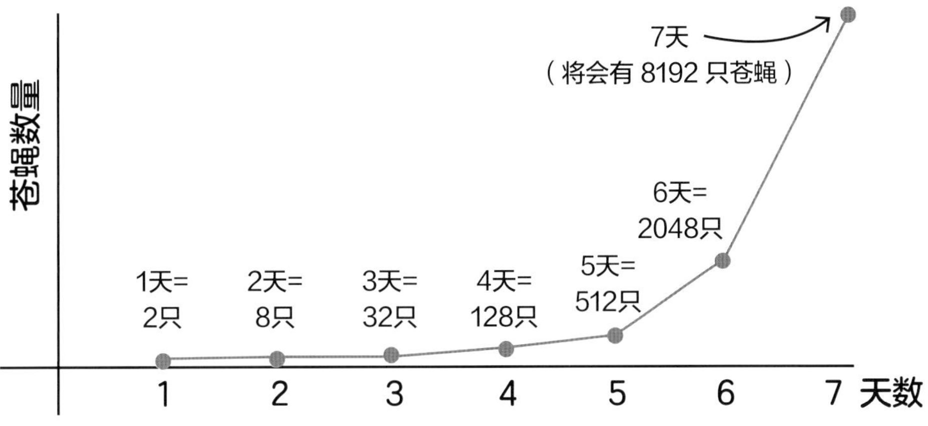

当一个群体的数量有规律地递增，例如成二倍、三倍或者四倍递增，就像这些苍蝇一样——数学家们称之为指数型增长。在有足够的食物和水，并且没有天敌捕食的情况下，所有生物的数量都呈指数增长。

如果不加以控制，第二周结束时会有1.34亿只苍蝇，再过一周后将有超过**2万亿**只苍蝇。

动物的算术

并不是只有人类才会算术，一些动物也会。即使脑袋只有针头大小的微型昆虫也会！数数是一项非常有用的生活技能，它可以帮助动物在野外生存。

黑猩猩

20世纪80年代末，研究人员发现黑猩猩会简单的算术。他们准备了两组碗，每只碗中最多放5块巧克力并且两组碗中的巧克力总数不同。黑猩猩选择巧克力数量较多的那组的概率高达90%！这表明黑猩猩会将每组碗中的巧克力数量相加并进行比较。

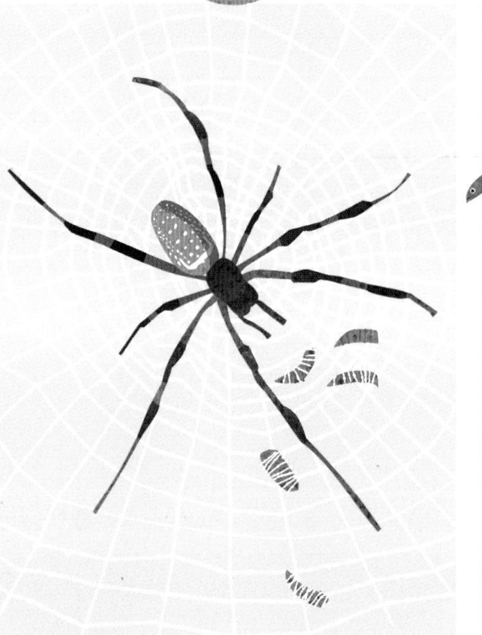

鳡鲦鱼

你能立即分辨出这两个鱼群有什么不同吗？如果你能，那么你的算术能力和鳡鲦鱼一样棒！科学家们已经证实鳡鲦鱼能一眼分辨出23条鳡鲦鱼要多于16条鳡鲦鱼。因为鳡鲦鱼喜欢生活在数量更多的鱼群中，这样能让它们远离捕食者，更加安全。

蜘 蛛

园蛛可以计算出它们在织网中储存了多少猎物。在2014年的一项实验中，科学家们从蜘蛛的织网中拿走了一些猎物，然后能观察到蜘蛛们开始寻找这些消失的食物。被偷的猎物越多，蜘蛛们搜寻的时间越长。

乌 鸦

2001年，科学家曾训练乌鸦玩数字配对的游戏。研究人员在屏幕上首先展示一幅图，图片上会随机出现1～5个点，然后他们再展示另一幅图。此时如果第二幅图上的圆点数量和第一幅图相同，乌鸦轻触屏幕就算正确，并且乌鸦能获得食物作为奖励。平均下来，乌鸦的正确率达到75%，这足以证明乌鸦会数数。

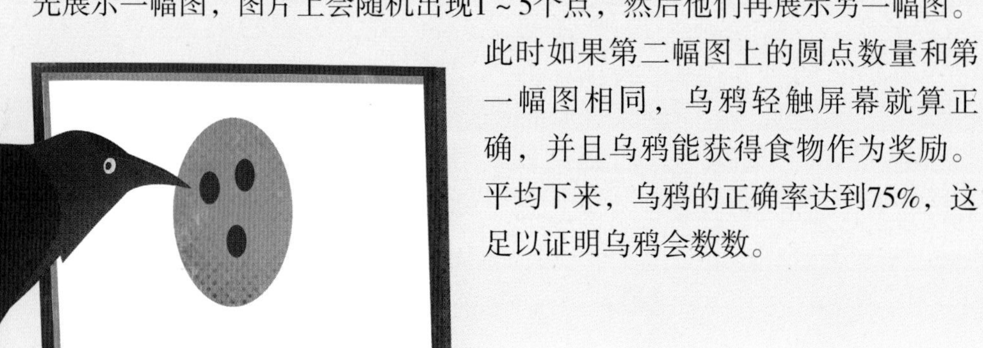

猫

猫会数数吗？也许吧！猫妈妈经常能发现小猫不见了，于是她就会去寻找它们。有人认为猫可以数到6或者7，但只能数到3或4的可能性更大。

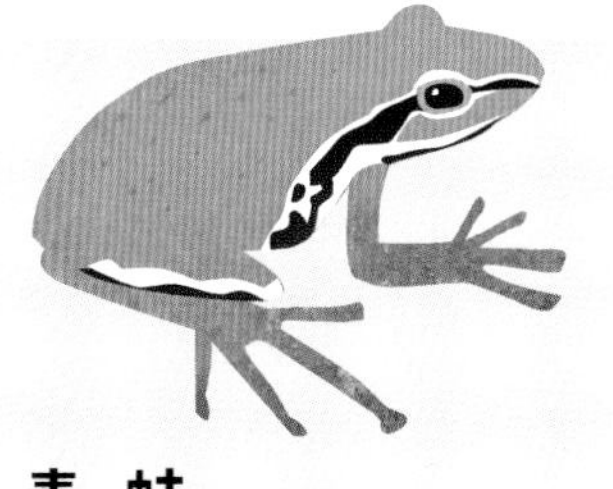

青蛙

青蛙通过鸣叫声的脉冲数目来判断对方是不是同类。雌性青蛙通过计算雄性青蛙叫声的脉冲数目，来寻找合适的配偶。

蜜蜂

蜜蜂能够做简单的加减运算。研究人员为蜜蜂建造了一个特殊学校——用颜色标记的Y形迷宫。蜜蜂必须解决简单的数学问题才能通关，比如黄色标记意味着减1，蓝色标记意味着加1。如果回答正确，蜜蜂可以得到一杯含糖饮料作为奖励。经过大量练习，蜜蜂的正确率达到80%。科学家们认为蜜蜂可能已经具备了数数的能力。

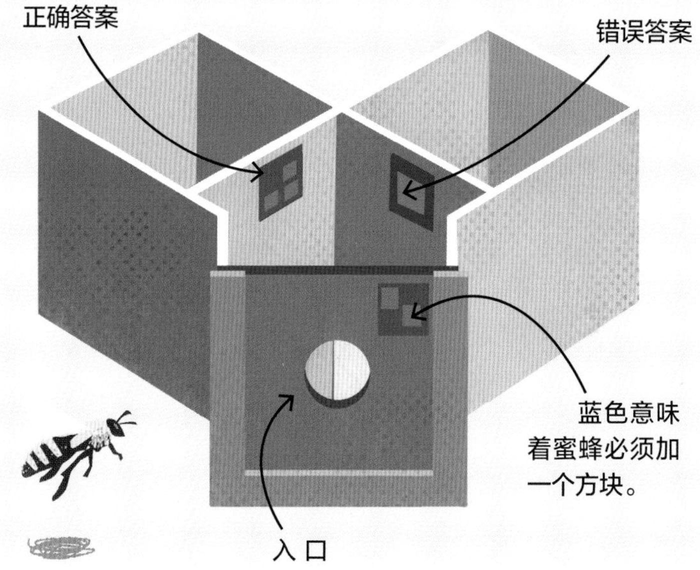

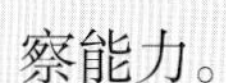

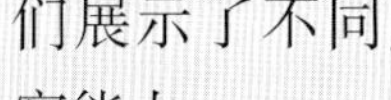

不仅是动物会算术，还有……

一些植物也会算术！捕蝇草是一种食肉植物，在昆虫闯入时，它的叶片会突然合上，把昆虫困在其中。科学家们发现捕蝇草会在昆虫触碰叶片两次后才闭合叶子，在被猎物触碰五次后才开始分泌消化液。这是为了提升捕虫的准确性，避免因为错误的信号浪费精力。

聪明的汉斯

20世纪初，柏林有一匹马名叫“聪明的汉斯”，引起了全世界的关注。它的驯马师向大家证明了这匹马能通过踏蹄计数来进行复杂的数学运算。研究人员后来发现“聪明的汉斯”其实只是读到了驯马师不易被人察觉的肢体信号，而这些信号让它知道什么时候应该停止踏蹄。“聪明的汉斯”算术能力也许没有那么好，但是它向人们展示了不同凡响的观察能力。

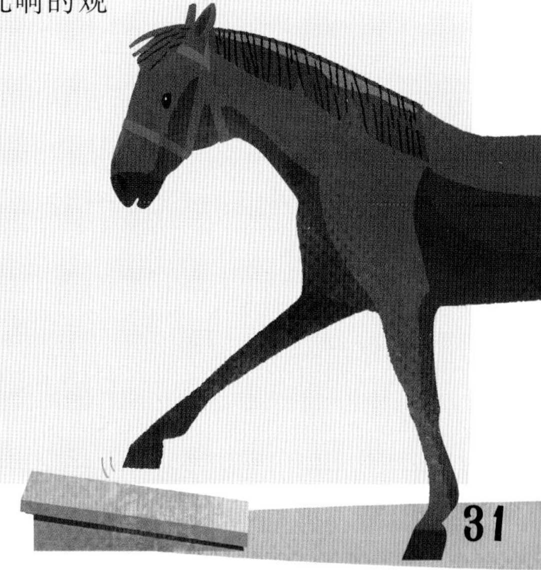

艺术里的数学

从比例到透视法再到花纹图样——数学存在于艺术的每个角落。

学着用数学技巧绘画

小朋友们，你们想不想画出一张完美的人脸？我们现在就学习什么是比例，也就是部分与部分、部分与整体之间的关系。

无论是什么样的脸型，这些数学规则都能帮你画出来。

1. 画一个正圆和两条直线，这两条直线在圆心呈直角相交。

这条线表示发际线。

眉毛画在这条线上，眼睛则在靠近这条线的下方。

在正方形的两边画出人脸的两侧边，耳朵画在靠近外侧圆弧的地方。

鼻尖画在这条线上。

2. 画一个正方形，让四个角刚好贴在正圆上，同时正方形的四边分别与一条直线垂直。

从眉毛到鼻尖的距离等于从鼻尖到下巴的距离。

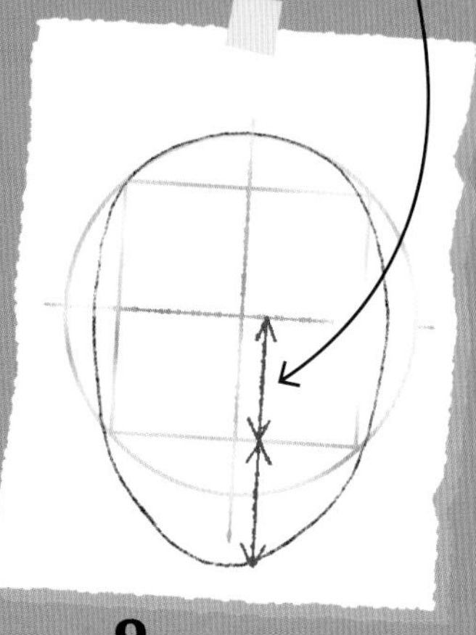

3. 画下巴。

注意头部的宽度，要保证两只耳朵之间的距离等于眼睛宽度的5倍。

左右眼之间的间隔刚好等于眼睛的宽度。

一只眼睛的宽度等于鼻翼的宽度。

嘴巴要画在鼻子和下巴正中间，宽度最好等于眼睛宽度的2倍。

4. 画眉毛、眼睛、鼻子和嘴巴。

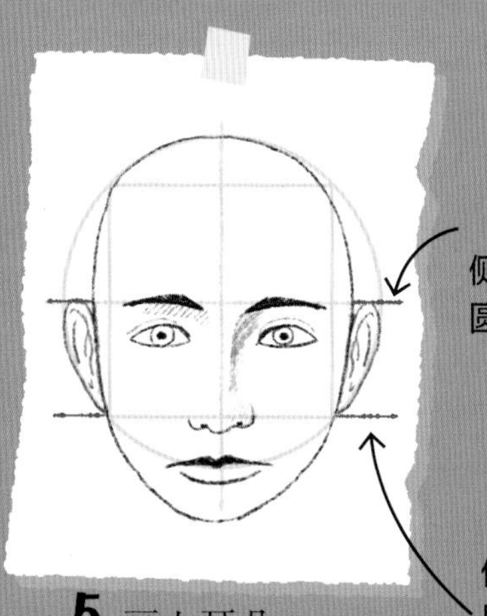

耳朵外侧刚好贴在圆弧上。

耳朵的整体长度等于从眉毛到鼻尖的距离。

5. 画上耳朵。

顺着头骨顶端向外画头发。

从下巴两侧开始画脖子。

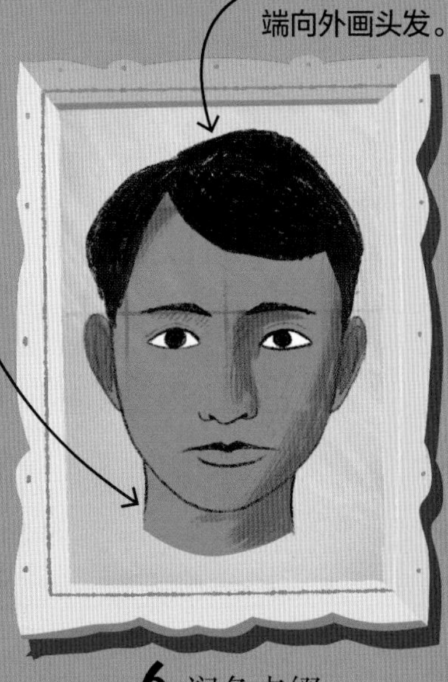

6. 润色点缀。

数学与艺术的历史渊源

约公元前5世纪后期

古希腊雕刻家波利克里托斯提出了创作完美人物雕像所需的数学规则。他利用比例与对称，创作了很多精美雕像。

1238年至1358年

西班牙的阿尔汗布拉宫建成。伊斯兰的艺术家们采用美丽的花纹嵌饰来装饰它。

远近高低

看看图中的两个人，哪一个高一些？

其实，他们的身高是一样的，但通过一个叫作“透视法”的数学小技巧，左边的人看起来就似乎更高。

透视法给平面图画带来了三维空间（有立体感的空间）中深度的错觉。这种错觉是由逐渐靠近的线条实现的。而这些线条的交会点被称为“消失点”。

花纹图样

在绘制花纹的艺术手法中，数学占据着举足轻重的地位。

伊斯兰的花纹嵌饰

中世纪的伊斯兰艺术家们，通过将多种图形拼接在一起，并不断重复来填满整个空间，由此创造出了各种美丽的花纹嵌饰。

爪哇的蜡染

蜡染的工艺是将蜂蜡或石蜡熔化后涂在布上，然后进行染色，使上蜡的地方呈现不同的颜色。印度尼西亚爪哇岛上的艺术家在制作蜡染时，在花纹图案中运用了不断重复和对称的技巧。

15世纪

意大利建筑师菲利波·布鲁内莱斯基创造了“透视法”。

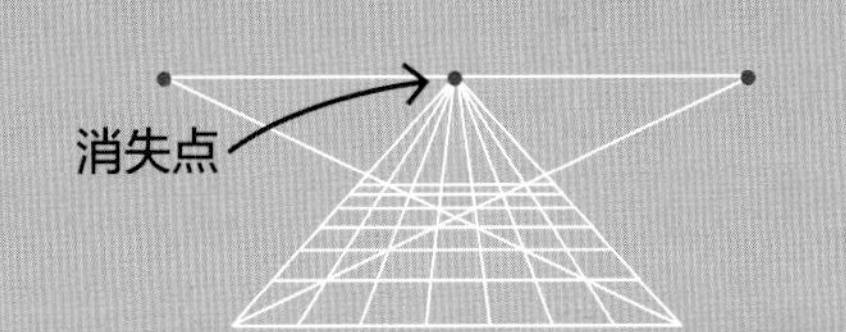

1908年

被称为立体主义绘画的艺术流派诞生了。毕加索和乔治·布拉克是立体主义画派的代表画家。

20世纪30年代至60年代

M.C.埃舍尔运用数学原理绘制花纹嵌饰，创造了非同一般的视觉效果。

数学与建筑

建筑师如何设计摩天大楼？工程师如何确保房子不会倒塌？这都要归功于数学！

载 荷

柱子、房梁或者墙的载荷量是多少？这些都是工程师在设计建筑时最重要的数学计算。载荷量帮助工程师知道建筑物每个部分可以承受多少重量。

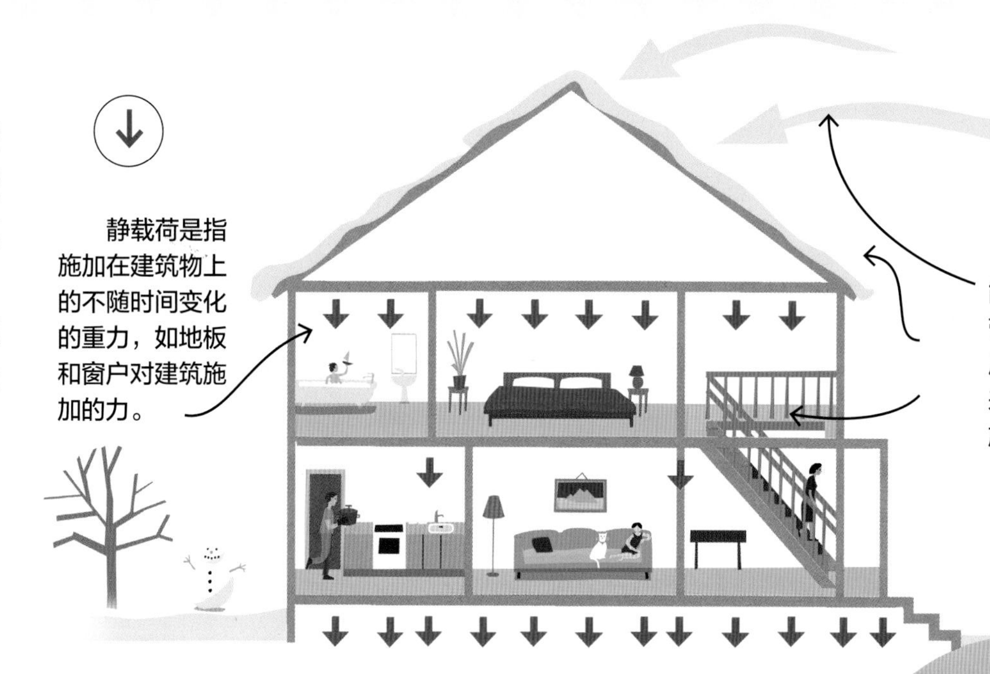

动载荷是一切可能发生变化的事物所带来的力量，比如强风、屋顶上的积雪或来来往往的人对建筑施加的力。

意大利的比萨斜塔之所以倾斜，是因为当时没能正确计算出塔基的载荷量!

巨 构

除了长方形和正方形之外，许多有名的建筑还用到了其他有趣的几何形状，这些几何形状结构在建筑学上称作巨构。

穹 帆

澳大利亚悉尼歌剧院的屋顶由大小不同的球面的局部形状组成。这种形态各异的球面结构叫作穹帆。

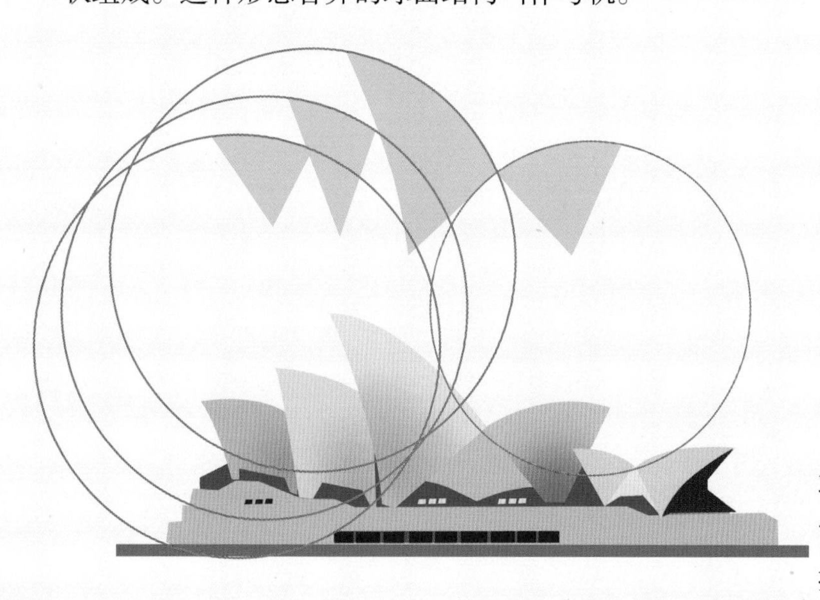

神奇的拱门

悬链线是指一种曲线，即一根粗细、质量分布均匀的柔软绳子两端悬挂在相同高度的两个点后，在重力作用下自然形成的U形线。 将它倒置的时候，就可以得到一个悬链拱形——这是一个无须外力支撑的拱形。美国密苏里州圣路易斯的不锈钢拱门就是其中著名代表。

矮胖的还是细长的？

在建筑学中，建筑物的“高宽比”是指其高度与宽度之比。建筑物越细长，在风中摇晃得越厉害。

迪拜哈利法塔（世界上最高的建筑），“高宽比”是**9:1**。

美国斯坦威大厦是世界上墙体最薄的建筑之一。它的高度是宽度的**23**倍。为此，工程师必须采取一些特别的设计，才能让顶层的居民在起风的日子不至于因为建筑晃动而感到头晕。

古代建筑师

人类早期的数学家都是建筑人员，很多我们认为理所当然的数学原理最初是由这些工人们发现的。因为他们必须想办法搬运或举起沉重的巨石，还要确保建筑物的安全和稳固。

古埃及的建筑人员运用几何学来计算吉萨金字塔的宽度、高度和侧面的坡度。

玛雅人运用复杂的天文学推算出某些特定的日子。在这些日子里，他们根据太阳移动的位置建造神庙。这座神庙名为库库尔坎神庙，位于墨西哥的奇琴伊察。每年春分和秋分两天，当太阳照射到这座神庙时，神庙投射下来的影子就如同一条蜿蜒游走的大蛇，似乎要顺着阶梯爬下来。

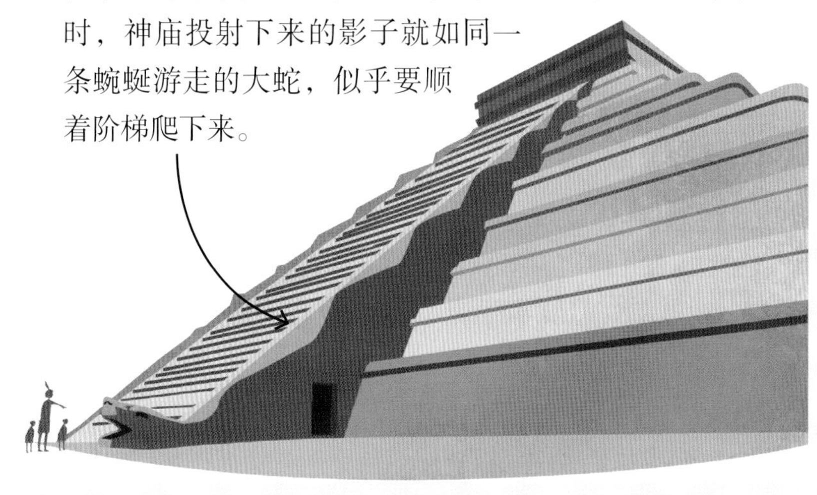

著名的埃及胡夫金字塔“高宽比”为**1:2**。

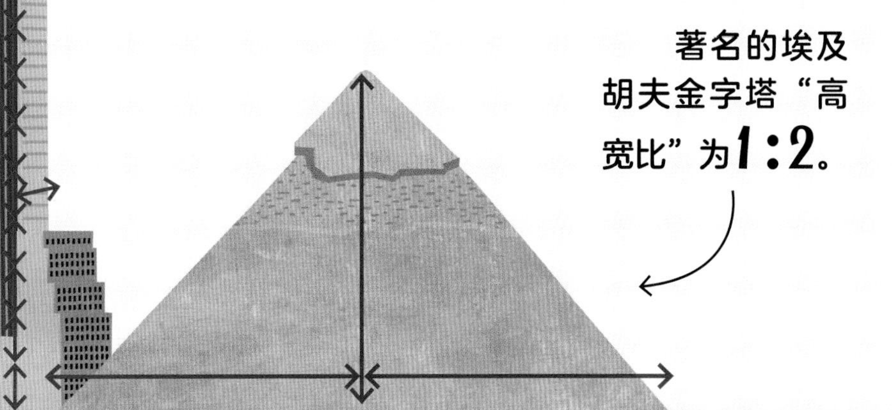

其他维度空间的生活

三维空间是我们美好的家园。但是生活在其他维度空间里会怎样呢？小朋友，来发挥一下你的想象力吧！

三维空间里的生活

我们生活在一个三维空间里，空间里有三组基本的方向：

1. 左和右。

2. 上和下。

3. 前和后。

这就是三维！

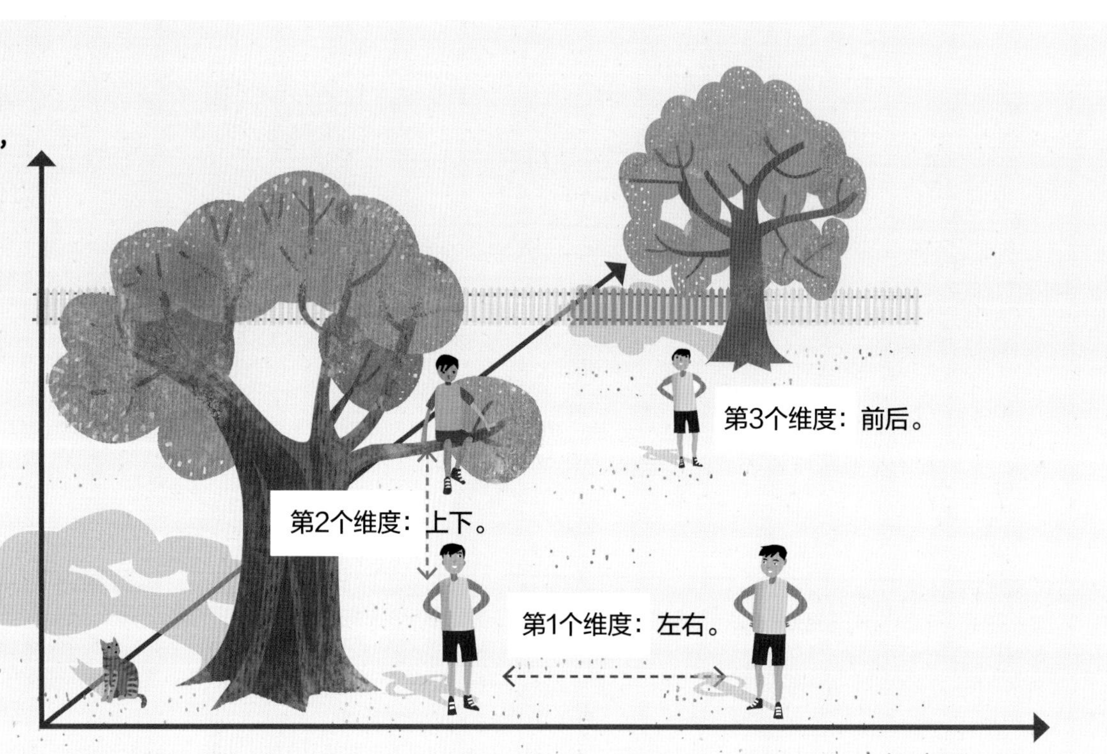

二维空间里的生活

二维空间里的生活是什么样的呢？

在二维空间里，只有左右和上下两组方向，没有前后方向。一切事物都是扁平的。生活在二维空间里就像生活在一幅画或者这本书的一页纸上。

想象一下，如果你是生活在这幅二维图片里的小朋友……

如果想走到树的另一侧，你只能从树的上空爬过去。因为在二维空间里没有前后，你没有办法绕着树干走过去。

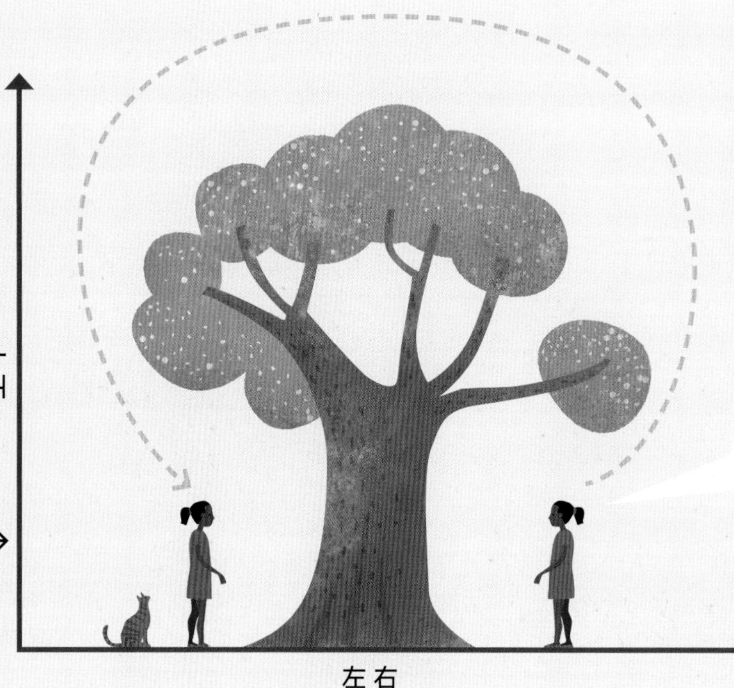

你会看到什么呢？

你看不到这棵树完整的形态——除非你跳出这个平面空间，站在三维空间里。在平面空间里，只能看到一条下面是棕色（树干）、上面是绿色（树叶）的线。

四维空间里的生活

如果生活在四维空间会怎样呢？四维空间里有四组方向：上下、左右、前后，还有一个额外的方向！实际上，谁都看不到四维空间里的生活场景，那就让我们和数学家们一起来发挥想象力吧！

但如果我们进入三维空间（现实生活），可以由上往下看到整个二维世界。

但是如果我们进入到四维空间，就不存在这个问题了。四维空间里的生物能够看到我们整个的三维世界——左右、上下、前后，甚至物体内部的东西都在视线范围内。

我们不仅能看到躲在树后的猫，还可以看到树干和猫的内部结构。

二维空间

如果我们生活在一个二维空间里，就只能看到线条。这些线条另外一侧的所有事物都不在我们的视线范围内。

三维空间

在三维空间里，我们看到的事物要比在二维空间里多。但也不是所有事物都能尽收眼底。当物体位于其他物体的后面或者里面的时候，我们就看不到了（比如藏在这棵树后面的猫）。

如果你感觉大脑里乱糟糟的，不要担心！想象四维世界里的视觉感受是非常抽象的。这就好比让一个二维空间里的生物描绘出我们三维空间的事物一样！

让我们想象一个四维空间里的形状！

从一个点开始。
零维度：一个点。

沿着第一维度移动这个点，会得到一条线。
一维空间：一条线。

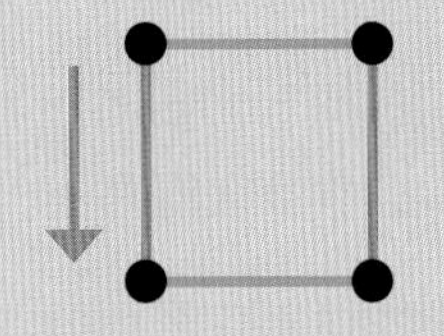

沿着第二维度移动一条线，得到一个正方形。
二维空间：一个正方形。

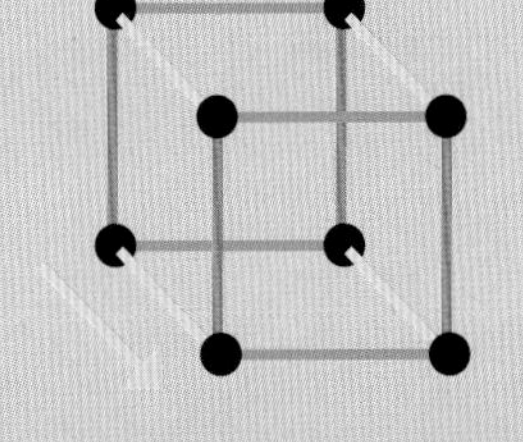

沿着第三维度移动这个正方形，得到一个立方体。
三维空间：立方体。

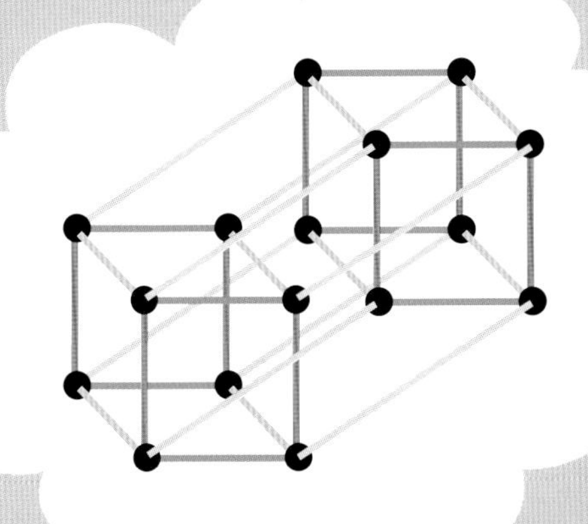

沿着第四维度移动这个立方体，（虽然看不见，但是可以想象一下）可以得到一个矩阵！
四维空间：一个矩阵。

时间

有人说时间是三维之上的第四个维度。我们无法让时光倒流，也许宇宙里的其他物质可以做到。但是在数学领域里，四维空间是一个具有四个维度的世界。

分数无处不在

分数、百分比和小数，它们是好朋友——都被用来描述整体中的某一部分。

交易和折扣

“消费30元，可以享受八五折优惠!” “买两件打九折!”——百分比在商店里随处可见。但是要小心啦! 有时商店会利用百分比来吸引消费者购买预算之外的商品。

%

把单位“1”平均分成100份，表示其中一份或几份的数字叫百分比。例如：

27% 等同于 $\frac{27}{100}$。

你在这家冰淇淋店购买的冰淇淋越多，享受的折扣就会越大。20%的折扣看起来非常吸引人，但这真的是一笔划算的交易吗？

总共花了13.5元买了三个冰淇淋。

如果你花15元买三个冰淇淋，可以享受10%的折扣——1.5元的优惠。那么实际上你只花了13.5元。

三个冰淇淋和三份奶昔共计30元：实际消费24元。

但是这家商店利用更大的折扣来诱惑你！于是你决定花费30元买三个冰淇淋和三份奶昔，这样就能享受八折优惠了。

于是你为了得到6元的优惠，总共花了24元。尽管折扣力度变大，但你要多花10.5元购买之前不需要的奶昔。

那么额外的折扣真的划算吗？从商家的角度出发，他们可以赚更多的钱！但是对你来说呢？这就要视情况而定了。如果没有额外的折扣，你还会买奶昔吗？

遥远的分数

分数无处不在——甚至在太空中也会用到！

木星的卫星木卫一、木卫二和木卫三的公转速度跟分数有关。木卫一每转一圈，木卫二就绕着木星公转1／2圈，木卫三绕着木星公转1／4圈。

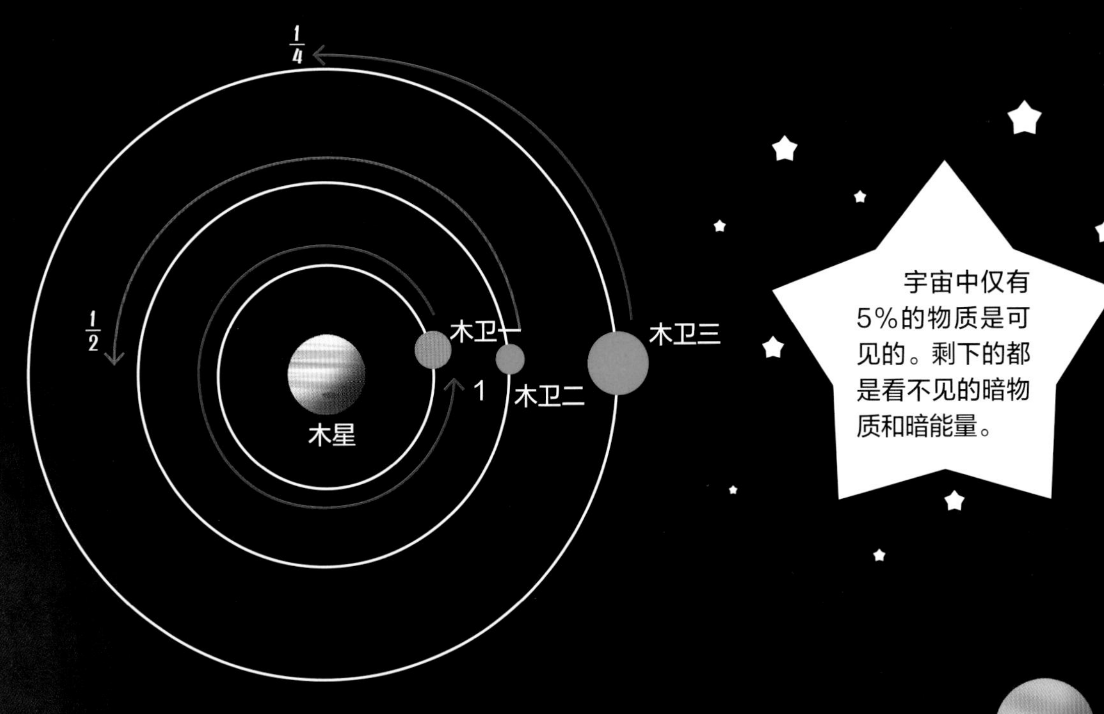

宇宙中仅有5%的物质是可见的。剩下的都是看不见的暗物质和暗能量。

海王星距离太阳的距离大约是地球距离太阳距离的30倍，所以那里的太阳亮度还不到地球的$\frac{1}{30}$。木星上的太阳亮度是地球上的$\frac{1}{900}$。

小 数

小数是一种特殊的分数，它的分母通常是10、100、1000等等。

小数与分数之间可以互相转化，如二分之一可以转化为0.5。

$\frac{1}{10}$ → 0.1 十分之一

$\frac{1}{100}$ → 0.01 百分之一

$\frac{1}{1000}$ → 0.001 千分之一

如果用小数表示某些分数，会呈现出奇妙的规律。

分母为9的分数

分子为1～8时，用小数形式表示的话，小数位会循环出现相同的数字。

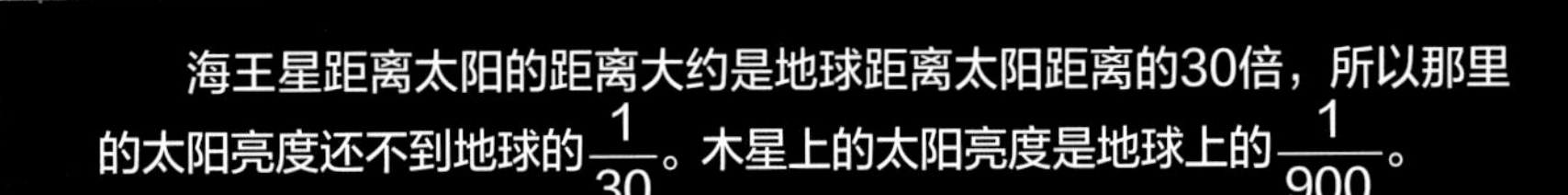

$\frac{1}{9}$=0.1111…，$\frac{2}{9}$=0.2222…，$\frac{3}{9}$=0.3333…，…，$\frac{8}{9}$=0.8888…

分母为11的分数

用小数形式表示，小数位的2个数字会循环出现。

$\frac{1}{11}$=0.090909…　$\frac{10}{11}$=0.909090…

$\frac{2}{11}$=0.181818…　$\frac{9}{11}$=0.818181…

$\frac{3}{11}$=0.272727…　$\frac{8}{11}$=0.727272…

$\frac{4}{11}$=0.363636…　$\frac{7}{11}$=0.636363…

$\frac{5}{11}$=0.454545…　$\frac{6}{11}$=0.545454…

精彩的小数

如果用小数表示某些分数，会呈现出令人惊叹的规律。

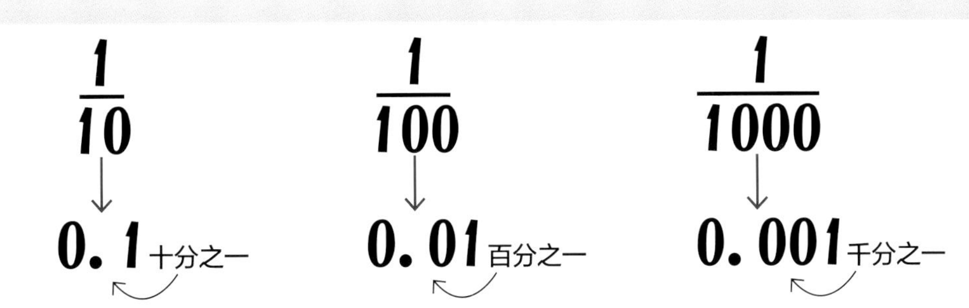

$\frac{152}{333}$=0.456456456456…

数字4、5、6会无限循环下去！

$\frac{1}{81}$=0.012345679012345679…

从0到9，除了8以外的所有数字都会无限循环下去。

$\frac{1}{998001}$=0.000001002003004… 995996997999…

从000到999，除了998，依次递增的三位数会无限循环下去。

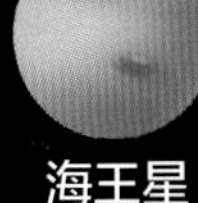

我眼中的π

π通常缩写为3.14

圆周率π无处不在，如果没有它的话，我们就不能设计建筑物或者飞往太空。π可能是世界上最重要的数了。

π

为什么要用一个有趣的符号表示呢?

π是一个数，虽然它看上去并不像一个数。

π是一个无限不循环小数（小数点后有无数位，且没有规律）。数学家们常常使用π这个符号。

在π上画个圈

圆周率π源自圆！无论这个圆像一颗行星那么大，还是像一粒豌豆那么小，圆的周长除以它的直径都等于π。

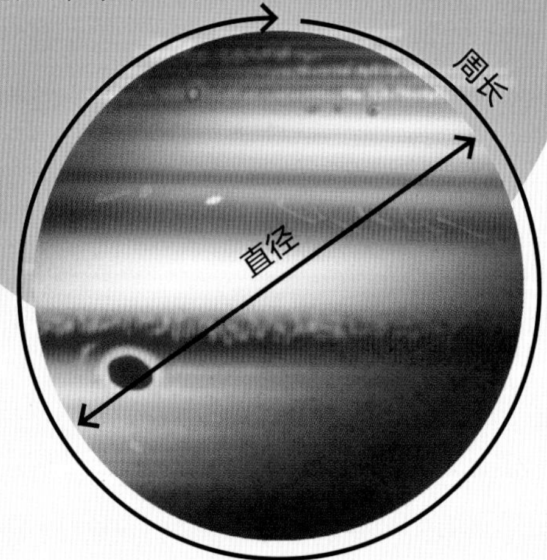

如果你需要测量任何与圆有关的东西，你就会使用到圆周率π！以下是和π有关的重要公式：

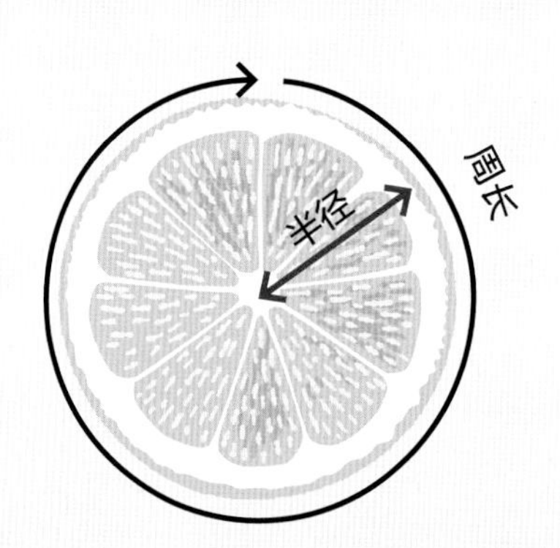

圆的周长
= π × 半径 × 2

圆的面积
= π × 半径^2

圆柱的体积
= π × 半径^2 × 高

π的历史时间轴

数学家们早在4000年前就发现了圆周率π。

公元前1900年—前1650年

古巴比伦人使用3.125作为π的近似值来计算圆的面积。古埃及人所使用的数值也非常接近——他们使用3.1605。

公元前3世纪

古希腊数学家阿基米德第一次尝试计算圆周率π的精确值，他计算的结果在3.1408到3.1429之间。

你知道可以用圆周率π表示角度吗？可能你习惯用“度”来表示角度大小，但大部分数学家更喜欢使用“弧度”。弧度是基于圆周率π的度量单位。一个圆周是2π（360度）。

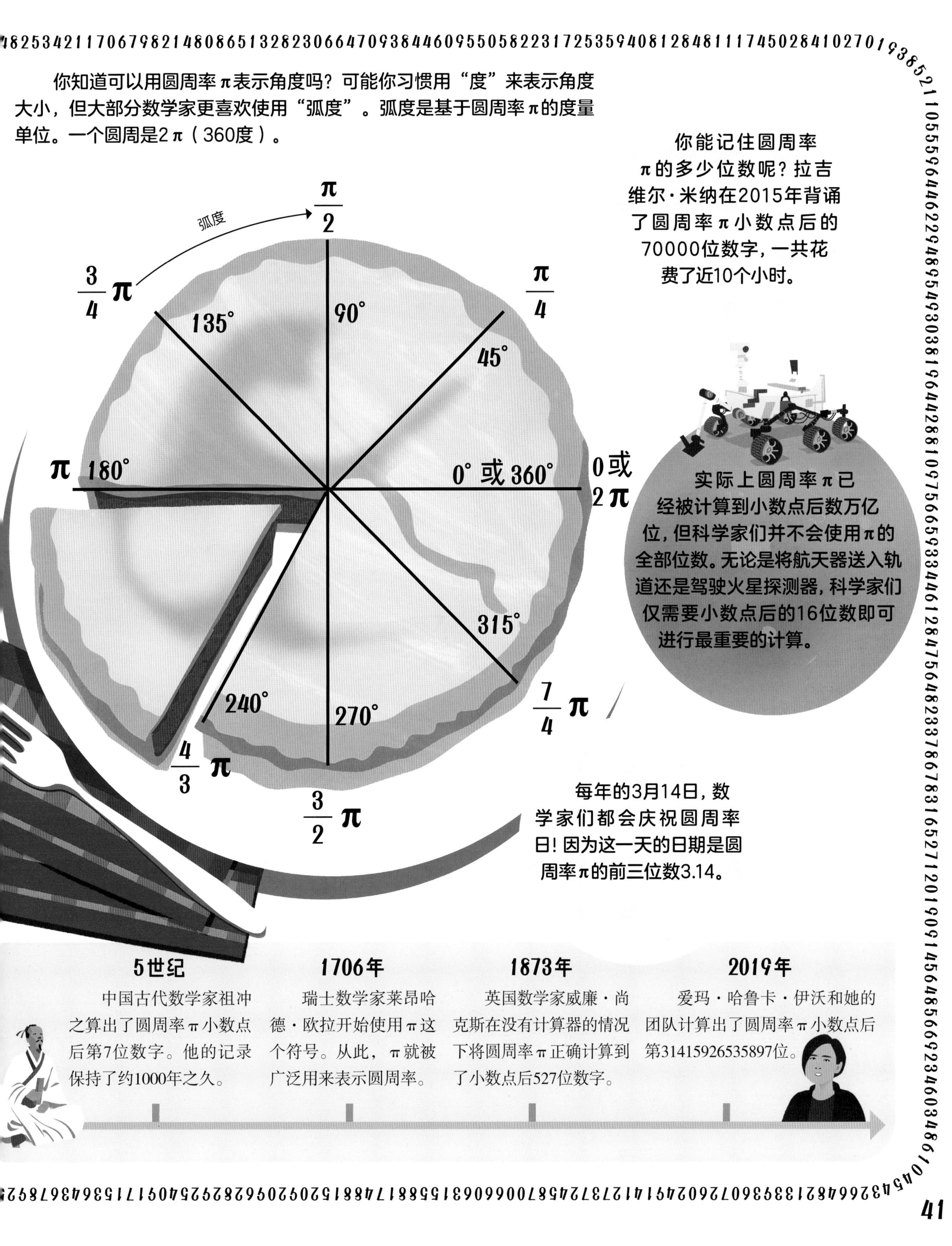

你能记住圆周率π的多少位数呢？拉吉维尔·米纳在2015年背诵了圆周率π小数点后的70000位数字，一共花费了近10个小时。

实际上圆周率π已经被计算到小数点后数万亿位，但科学家们并不会使用π的全部位数。无论是将航天器送入轨道还是驾驶火星探测器，科学家们仅需要小数点后的16位数即可进行最重要的计算。

每年的3月14日，数学家们都会庆祝圆周率日！因为这一天的日期是圆周率π的前三位数3.14。

5世纪

中国古代数学家祖冲之算出了圆周率π小数点后第7位数字。他的记录保持了约1000年之久。

1706年

瑞士数学家莱昂哈德·欧拉开始使用π这个符号。从此，π就被广泛用来表示圆周率。

1873年

英国数学家威廉·尚克斯在没有计算器的情况下将圆周率π正确计算到了小数点后527位数字。

2019年

爱玛·哈鲁卡·伊沃和她的团队计算出了圆周率π小数点后第31415926535897位。

奇妙的形状

什么物体不是圆的却可以滚动呢？一张只有一条边界和一个面的纸就可以（曲面）。在哪儿可以找到这种奇怪的形状呢？当然是数学的世界了！

数学世界中的魔法形状

让我们试试这个小游戏：

1. 首先让我们准备一张长条形的纸。它有正反两个面，对吗？

2. 然后，将这张纸条扭转180°，并将纸的两端粘在一起。

3. 再来数数，这张纸现在有几个面？如果你沿着纸条的中间画一条线，你会发现它现在只有一个面了！另外一个面去哪儿了？这个奇妙的形状被称为牟比乌斯带。

4. 还想再试试其他小把戏吗？沿着你画的这条线将纸条剪开。现在它又有两个面了！这是数学还是魔术？或者二者皆是？

会变化的形状

你相信甜甜圈和咖啡杯实际上是同样形状的吗？现实世界里，它们是不同形状的，但在拓扑学（研究几何形状如何通过挤压、弯曲和拉伸而改变形状的一门学科）的世界中，它们的形状是一样的。

在拓扑学中，在不产生新的孔洞的前提下，如果可以通过拉伸或挤压，使一个物体变形成另一个物体，那么这两个物体的形状就是相同的。

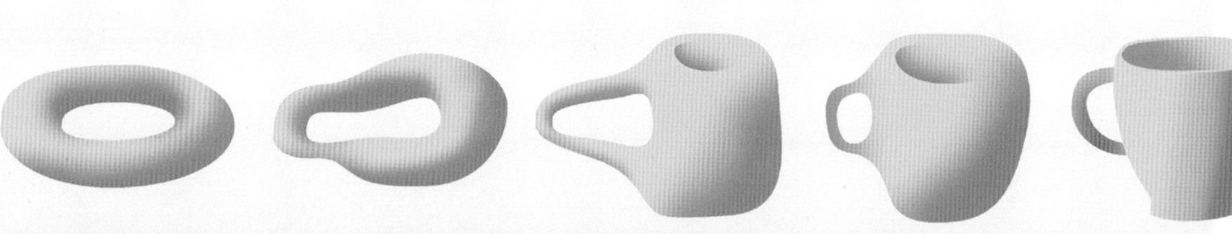

假设你有一块甜甜圈形状的黏土。你不用撕开它或者戳个洞，就能把黏土捏成咖啡杯的形状。快看！

实际上，不仅是咖啡杯和甜甜圈，还有很多物体都具备这种可能。让我们再看看其他的例子：

没有孔		=		=	
一个孔		=		=	
两个孔	没有镜片的眼镜	=		=	没有盖子的水壶

这些形状的名字很好玩

小朋友，很多形状都有一个有趣的名字。这是数学家们给它们起的，让我们一起看看吧！

椭圆形

椭圆是你以一定角度切割圆锥体时得到的形状。这就是为什么椭圆也被称为“圆锥截面”。地球围绕太阳运行的轨道就是椭圆形的。

欧式蛋

这个形状正如它的名字所描述——是一颗蛋的样子，该图形由重叠的四个圆组成，是这些圆围绕一个三角形绘制而成的。

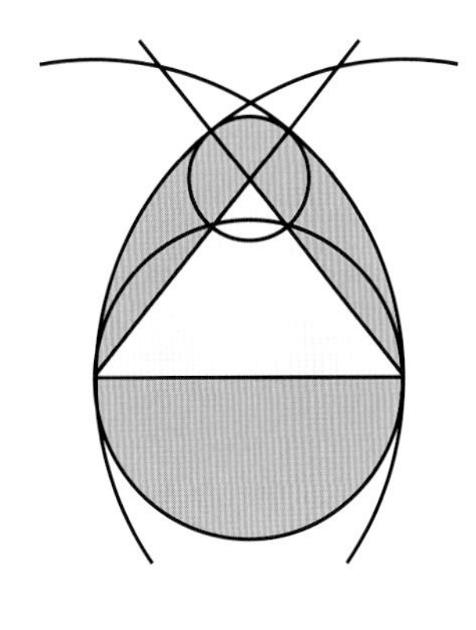

迪斯科矩形

迪斯科矩形是通过在矩形的两端附加两个半圆而形成的。有时也被称为“体育场矩形”。

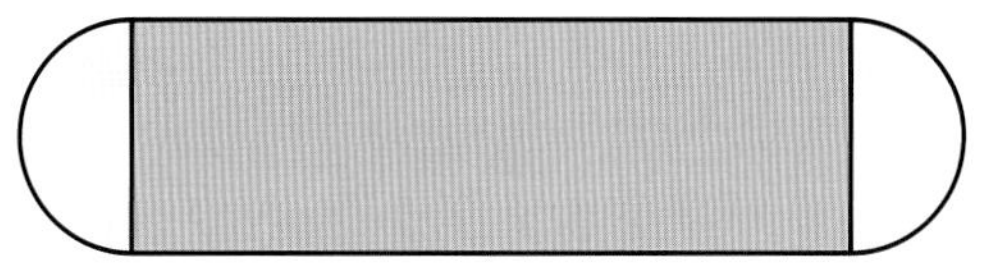

一个形状还是两个形状呢?

扭曲双锥一部分是球形，另一部分为圆锥形——正如它的名字一样。我们可以通过以下步骤得到一个扭曲双锥：

1. 将两个圆锥的底部连接在一起。

2. 将得到的形状从中间切开。

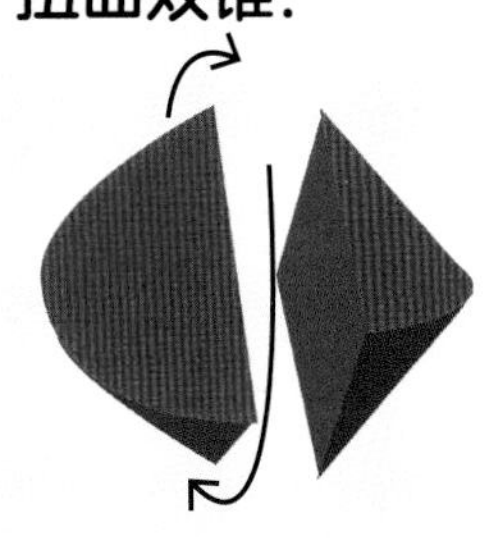

3. 切开的两部分稍做旋转，重新粘在一起。

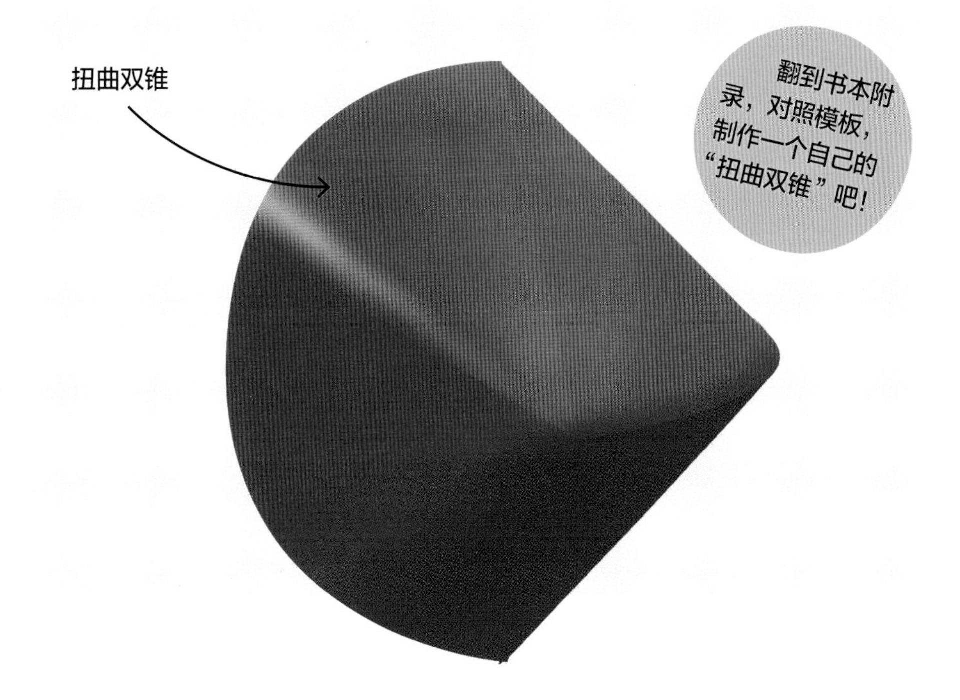

你好，盾片状！

小朋友，请想象一下，世界上是否还有没被发现的形状？

2018年，科学家发现了一种叫作“盾片”的形状。盾片状在自然界中无处不在。当生物的微小细胞聚集在一起时，其中一些细胞就会形成盾片状。这是用来填充小面积空间最好用的形状之一。

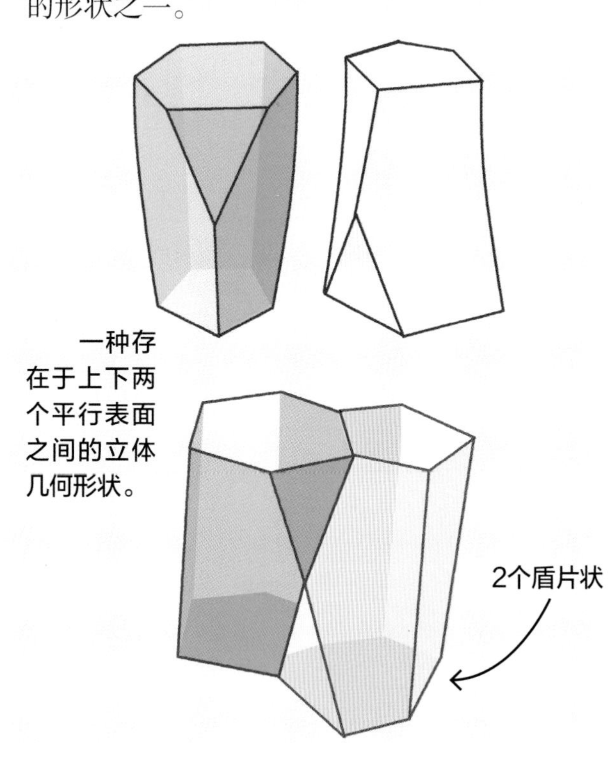

度量衡

小朋友，你知道1千克有多重吗？为什么有些国家使用英尺作为长度单位，而有些国家使用米呢？虽然测量是一件很基础的事情，但它其实非常复杂！

脚与手指

大多数早期的计量系统都基于身体的某个部位。但是人体的大小各不相同。所以建立在此基础上的计量单位也有很大差异。

谁的脚？

早期，英尺代表了很多不同的长度——这很可能是因为定义英尺所用的“脚”各不相同。（注：英尺和脚的英文同为foot）

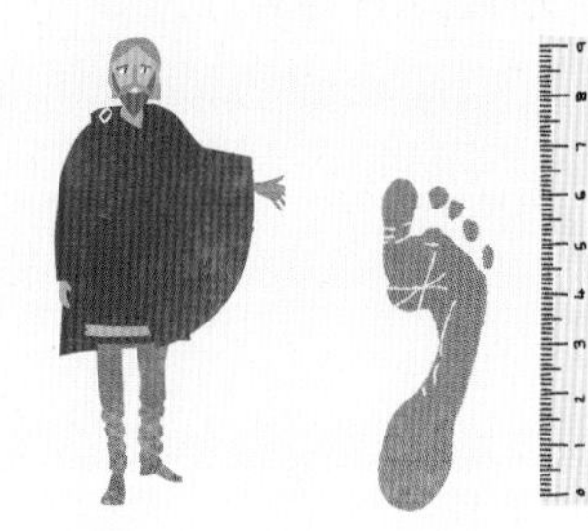

古凯尔特人的1英尺大约等于9英寸。

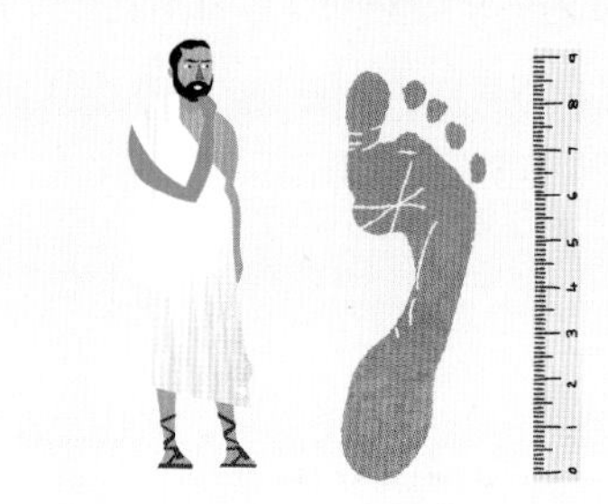

古希腊人的1英尺大约等于12英寸（与现代的英尺大致相同）。

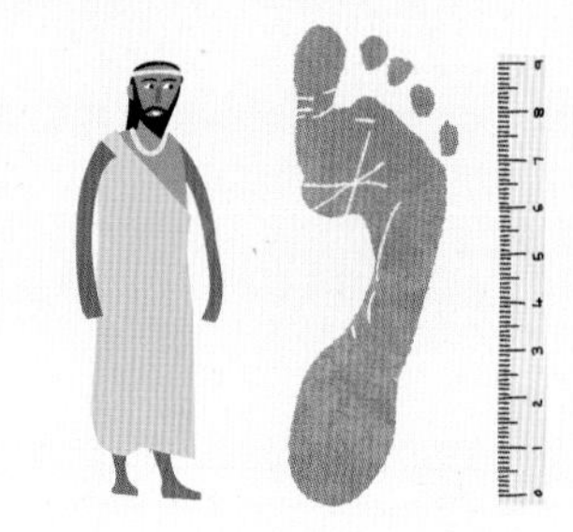

古哈拉帕人（古印度人）的1英尺大约等于13英寸。

古埃及人的计量单位

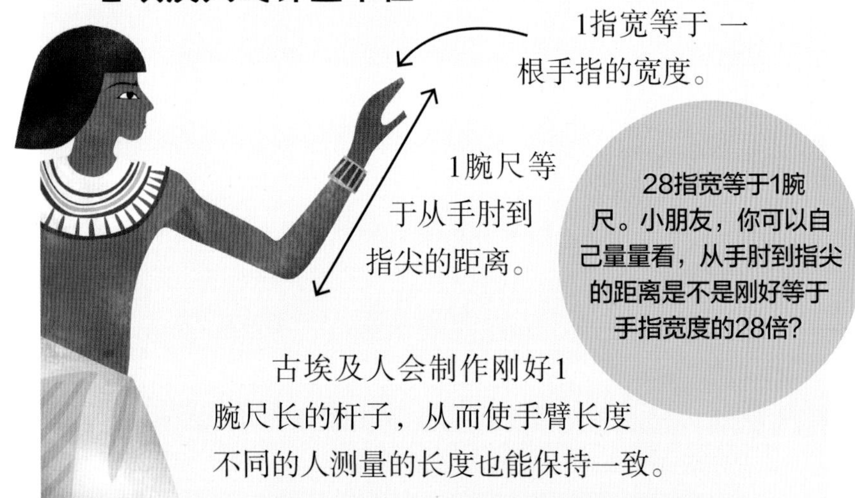

1指宽等于一根手指的宽度。

1腕尺等于从手肘到指尖的距离。

28指宽等于1腕尺。小朋友，你可以自己量量看，从手肘到指尖的距离是不是刚好等于手指宽度的28倍？

古埃及人会制作刚好1腕尺长的杆子，从而使手臂长度不同的人测量的长度也能保持一致。

中世纪的计量单位

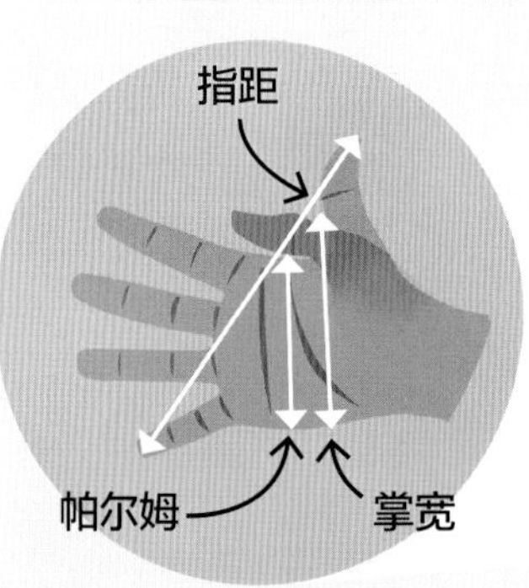

1肘尺等于从中指尖到手肘的长度。

1指距等于所有手指伸展开后一只手的宽度。
1掌宽等于所有手指并拢后一只手的宽度。
1帕尔姆等于一只手掌（除大拇指）的宽度。

小尺寸的计量

人体不适合用来测量很小的物体。但是谷物可以！

1巴利肯（大麦粒）等于 $\frac{1}{3}$ 英寸。

英国和美国的鞋码大小现在仍然采用巴利肯作为单位。

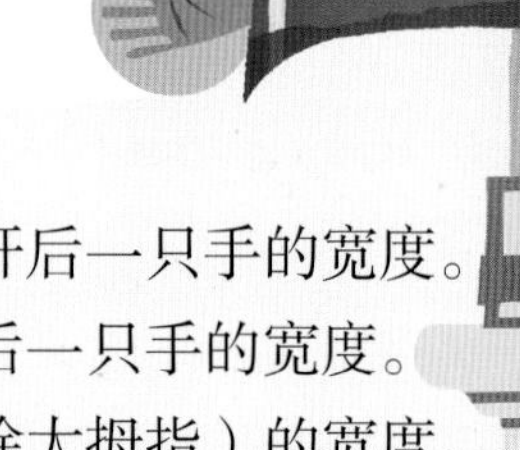

大麦粒

混乱的计量

这些不同的计量系统非常混乱。1900年，地球化学家弗兰克·威格尔斯沃斯·克拉克写了一本书，讲述了当时各个国家采用的计量方式。这本书超过了100页！

混乱终结者——米制单位！

在18世纪晚期，法国科学家们决定一劳永逸地解决测量方式混乱所带来的各种问题。他们设立了米制单位。所有的单位都以十进制为基础重新定义。

1米，最基本的长度单位，最初定义为从地球北极到赤道距离的千万分之一。

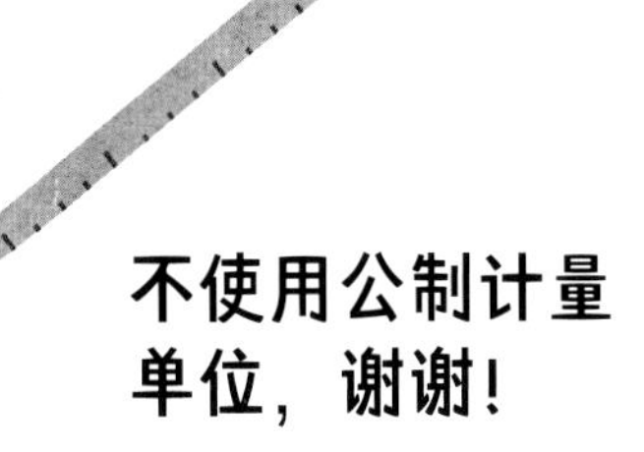

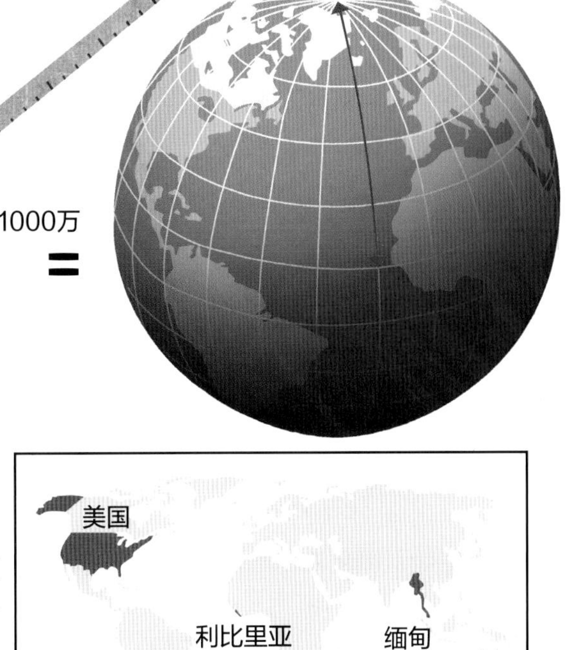

科学家们也尝试过使用米制单位重新定义时间。米制单位的1天为10个小时，1小时为100分钟，1分钟为100秒。但这个设定并未普及开来。

不使用公制计量单位，谢谢！

“公制(米制)”作为官方计量单位被全球广泛使用——除了右图中几个国家。公制单位在1960年被国际单位制取代。

美国
利比里亚
缅甸

官方定义：小朋友，你知道1米有多长吗？

法国制定标准的计量方式之后，还必须制作并保存定义米制单位的各种标准量器。它们被保管在巴黎的国际计量局。

科学家们找到了当时被认为最坚固的材料——铂，用它来制作米制计量器。但是他们后来发现铂也会随着时间而被腐蚀。现在，米的定义进行了修订：光在真空中于$\frac{1}{299792458}$秒内行进的距离。

国际上有七种通用的计量单位

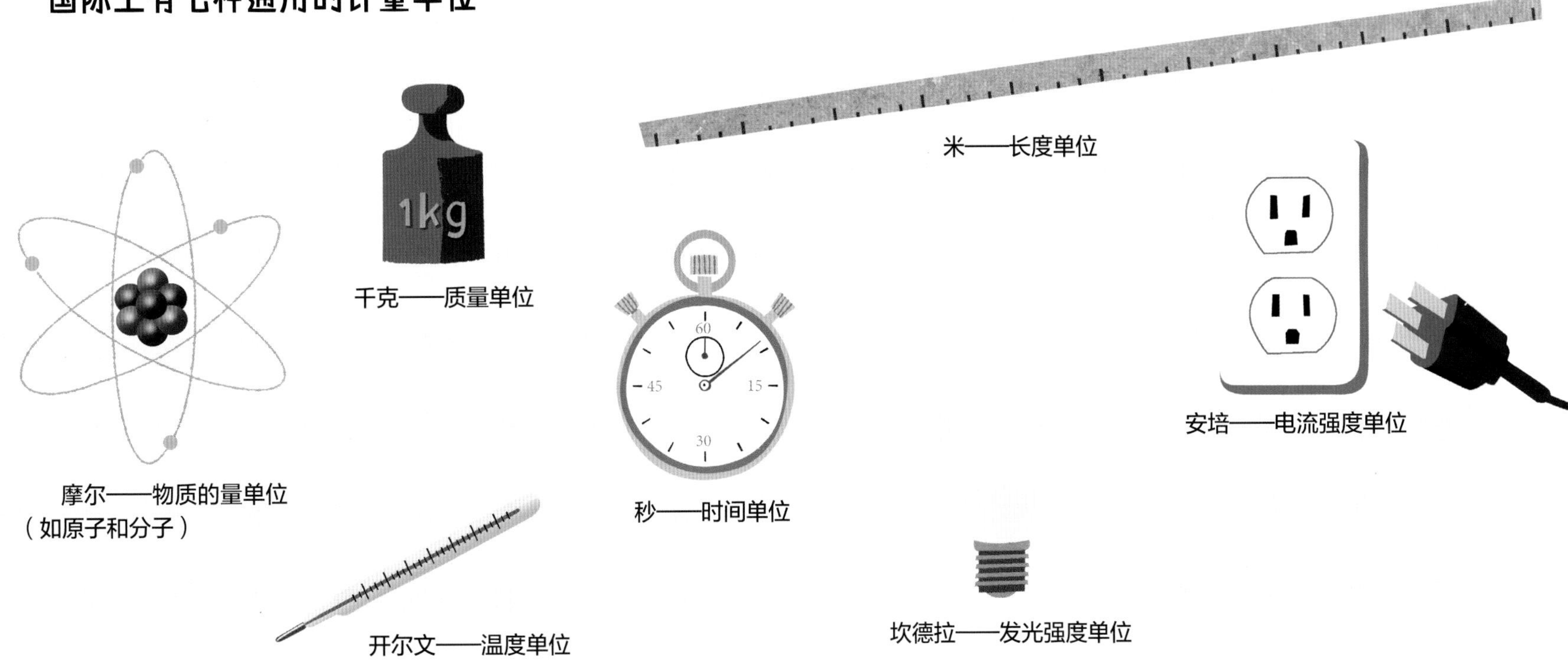

奇怪的测量方式

一个恒星日是多长？一匹马能跑多远？有时，人们会用一些奇怪的方式来测量事物！

太空里的时间单位

恒星日——也就是地球绕自转轴自转一圈所需要的时间，即23小时56分。

恒星日与太阳日不同，太阳日是指太阳从第一天出现在头顶到第二天出现在头顶上的时间间隔，即24小时。

为什么二者会不同呢？因为当地球绕自转轴自转一周的同时，也围绕太阳公转。

地球自转一周后（23小时56分），太阳也就不在原来的位置了，因此需要地球多花费4分钟才能追上太阳。

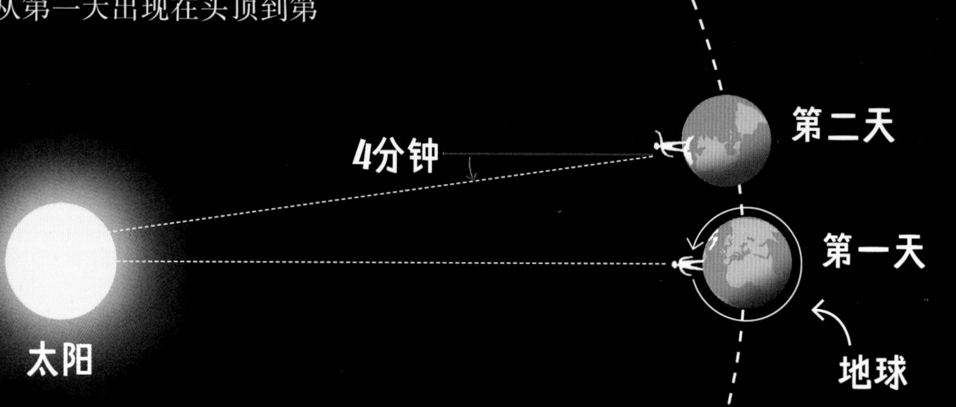

火星太阳日等于火星上一天的时间。

一个火星太阳日比地球太阳日大约多出41分钟。

银河年等于太阳绕着银河系中心公转一周的时间，大约在2.2亿至2.5亿年之间。

银河年通常用于表示非常大的时间单位。

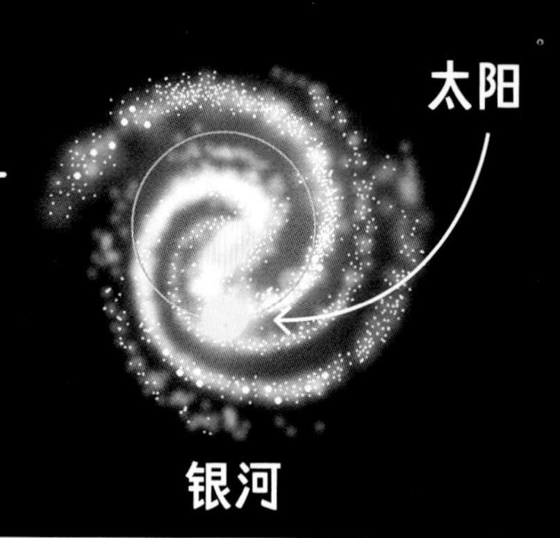

少量等于$\frac{1}{8}$茶匙。

一撮等于少量的$\frac{1}{2}$或者$\frac{1}{16}$茶匙。

一点点等于一撮的$\frac{1}{2}$或者$\frac{1}{32}$茶匙。

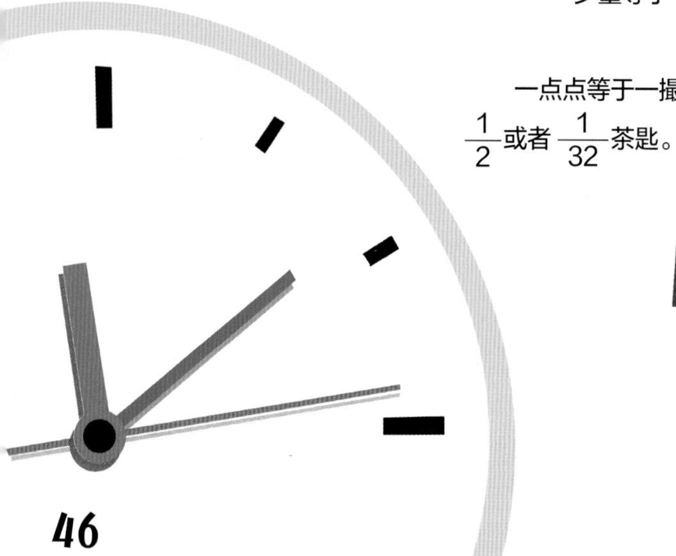

厨房里

如果你想依据食谱添加少许或者少量的调味品，请拿出你的汤匙，因为它们是精确的测量工具。

你的身体有多难闻呢？

希望不要超过1olf（气味的量单位）。

olf指一个人洗澡后，在适宜的温度下保持平静时散发出的标准气味量。

与马相关的常用单位

掌宽是用来测量马或者小马驹高度的单位。1掌宽等于4英寸，这只小马驹的高度约7掌宽。

1马力等于一匹能够拉动1500kg重量的物体并每分钟走10英尺（约3米）的马所产生的功率。

“马力”由詹姆斯·瓦特在18世纪末发明，因此他能够将他的蒸汽机出售给习惯使用马匹来劳作的人们。

今天我们仍然使用“马力”来衡量汽车发动机功率的大小。大多数汽车的发动机功率可以达到120马力。

死于香蕉

香蕉等效剂量（BED）
等于吃下一根香蕉所受到的辐射量

65 根	1500 根	26000000根
牙科X光	乘坐飞机从伦敦到纽约	死于辐射

有多危险呢?

1微死亡率 = 百万分之一的死亡率

遇到袋鼠	开车	跳伞（每一跳）	出生	攀登珠穆朗玛峰
有0.1微死亡率	有1微死亡率	有10微死亡率	有430微死亡率	有37932微死亡率

我与数据有个约会

做调查研究需要收集各种各样的数据。这些数据和图表帮助我们描述并了解这个世界。

从样本开始

想象一下，如果想要了解世界上有多少人具备阅读和写作能力，你会怎么做呢?

你不可能挨家挨户去询问每一个人——因为地球上有超过75亿人! 但是，你可以使用被数学家称作“采样”的方法。选择一部分人作为调查样本，然后“放大”这些样本的数据，并将这些数据适用于更大的人群。

有一点很重要，你采集的样本必须具有代表性——例如，样本应该包含足够数量的人，他们属于不同年龄段、不同性别、不同国家。

一个百人数量的样本会是这样：

年龄不到15岁的有25人，年龄介于15到65岁之间的有66人，超过65岁的有9人。

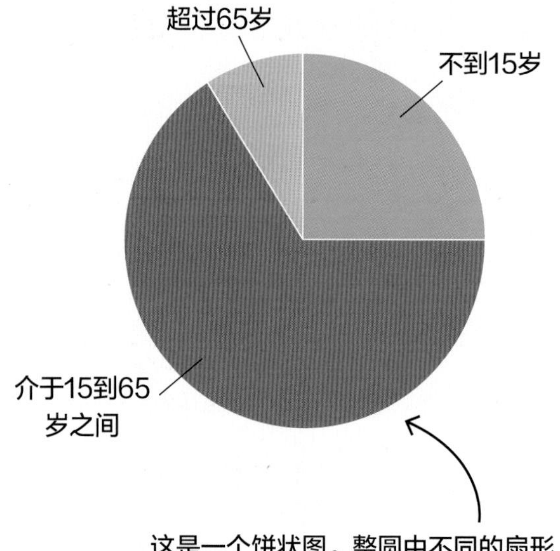

这是一个饼状图。整圆中不同的扇形面积表示各部分所占整体比例的大小。

女性有50人，男性有50人。

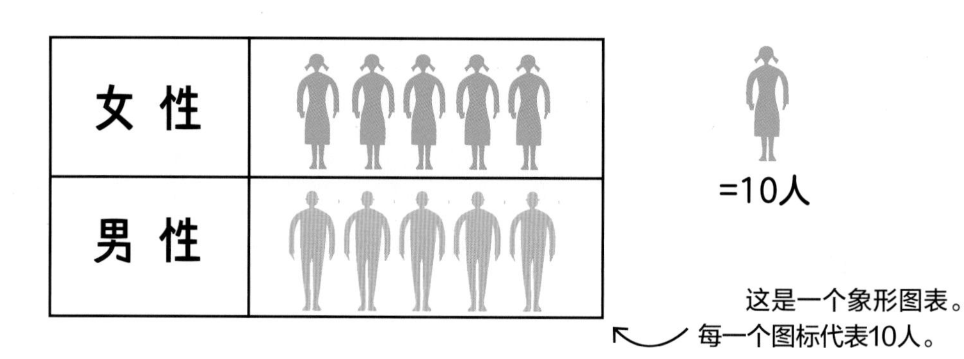

这是一个象形图表。每一个图标代表10人。

有60人来自亚洲，17人来自非洲，10人来自欧洲，7人来自北美洲和中美洲，6人来自南美洲。

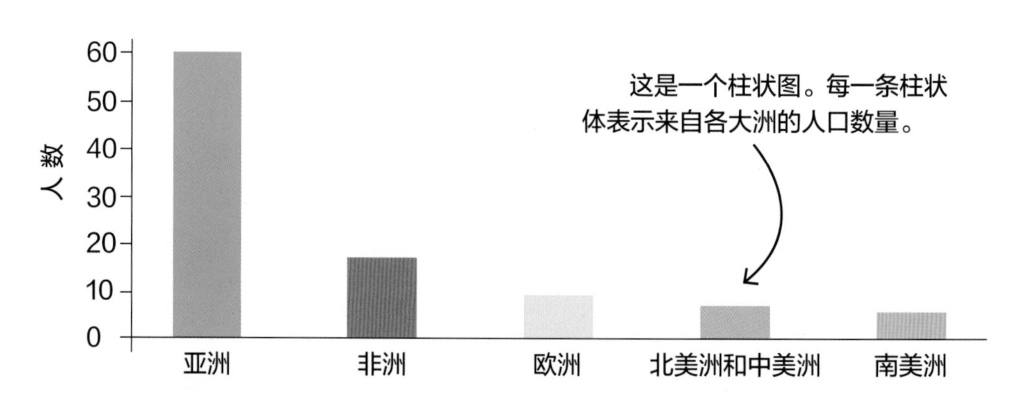

这是一个柱状图。每一条柱状体表示来自各大洲的人口数量。

其中86人能阅读和写作，14人不具备阅读和写作能力。

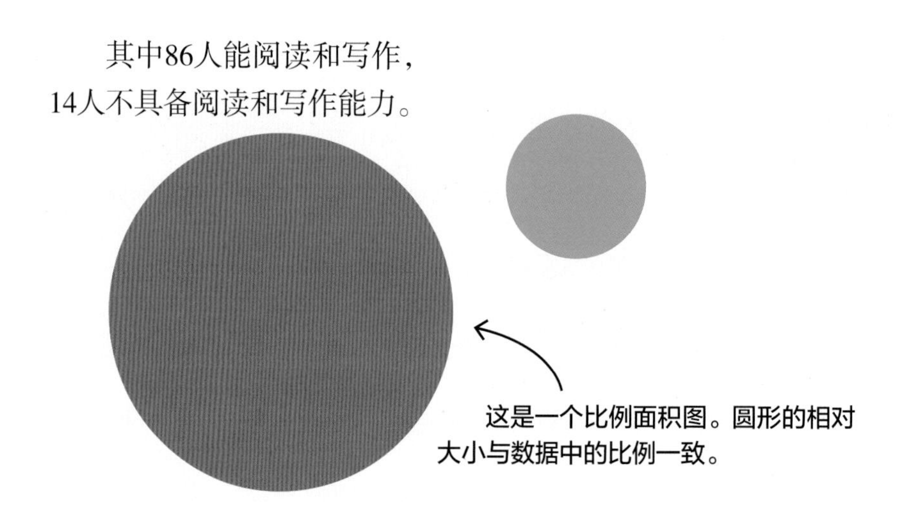

这是一个比例面积图。圆形的相对大小与数据中的比例一致。

持续增长？

假设有人从1980年开始投资股票市场。下面两张图表分别显示了自1980年以来，这个人在线性市场（左侧）和对数市场（右侧）中的投资收益增长了多少。比较一下，这个人在哪个市场的投资收益更高？

两个市场中的收益是一样的！下面两张图表都显示了1980年以来美国股票市场的增长趋势。但它们采用了不同的尺度进行标记——因此增长趋势看上去差别很大。

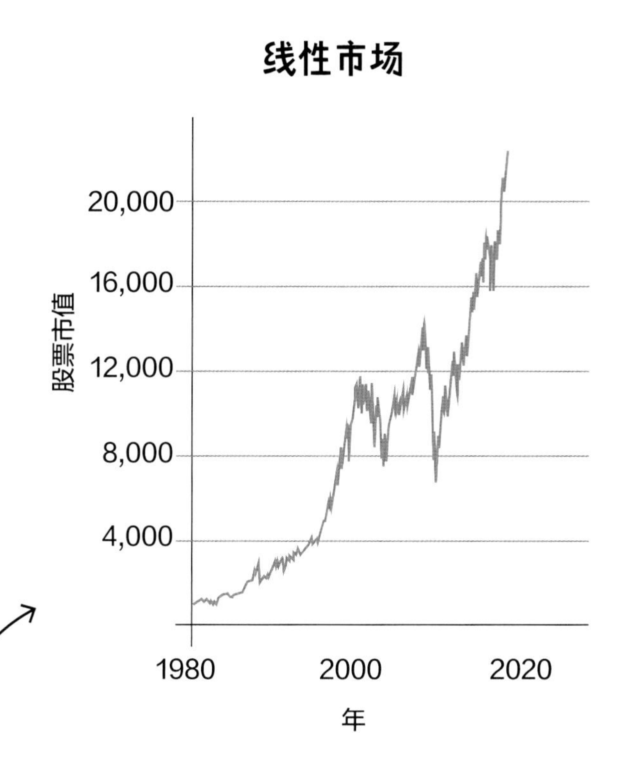

对数市场

10,000
1000
100
10
股票市值
1980
2000
2020
年

让我们看看这幅图表的纵坐标，你会发现每个刻度之间，数字递增的区间大小一致（都是4000）。这幅图表的纵坐标采用的是“线性尺度”，它会让数据的增长幅度看上去很大。

再来看看这幅图表的纵坐标——数字递增的幅度是呈倍数增长的，每个数字之间都相差10倍（比例尺度），我们称之为“对数尺度”，它会让数据的增长看上去更有规律，而不是呈现出急剧变化的趋势。

人们每天都会制造大量的数据……

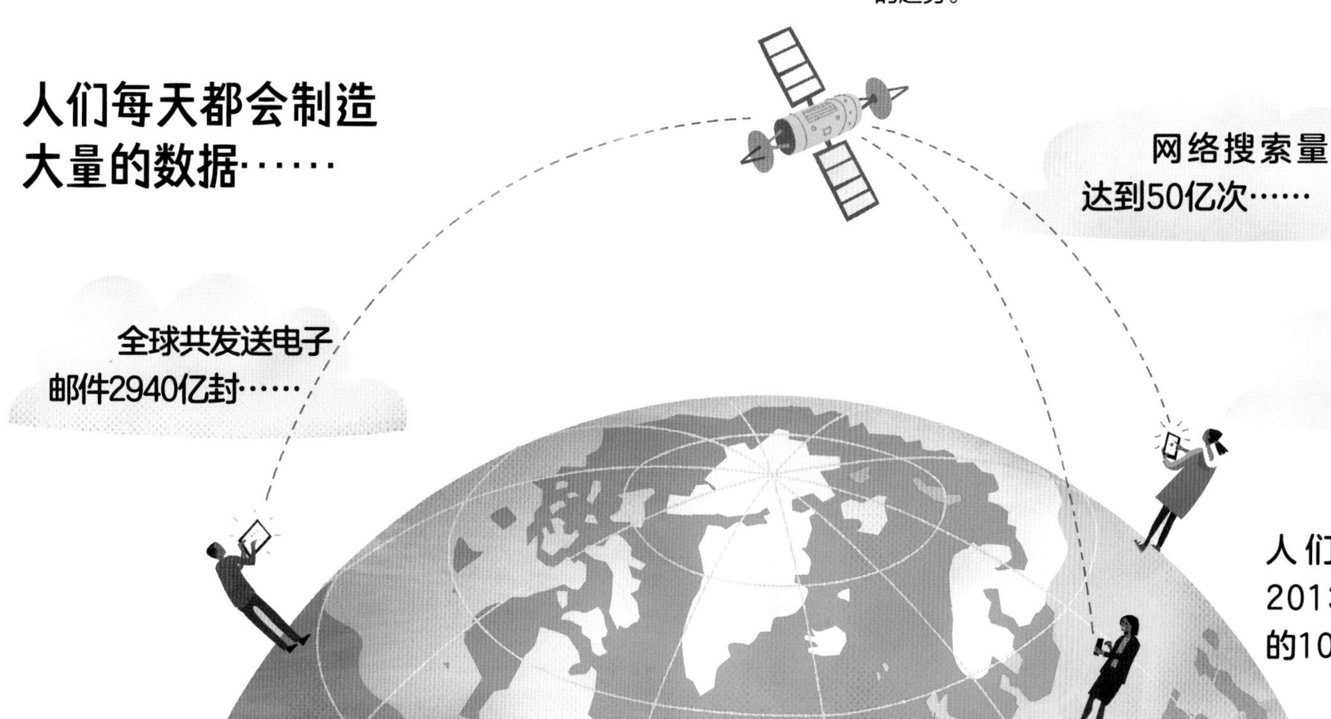

脸书上发布3.5亿张图片……

从2013年到2020年，人们生成的在线数据是2013年以前所有数据总和的10倍。

太大，太小，还是刚刚好？

高 度

这张图表显示了21位10岁女孩的身高。
我们如何来比较她们的身高呢？

什么是最典型的？

一组数据中最关键的信息之一就是平均值。它向统计学家展示了最典型数据。

将一组数据中所有数相加，再除以数的个数就可以求得平均值。

女生的平均身高：

2898厘米 （所有女生身高加在一起的总和）	÷	21人 （女生人数）	=	138厘米

你的数据呈正态分布吗？

仔细观察图表，你会发现身高的均值刚好是图表的中位数。女生们的身高数据集中在平均值138厘米附近。

当大多数数据集中在平均值附近时，统计学家称之为“正态分布”。正态曲线是一组“正态分布”数据的理想图形，但是几乎没有一组数据会完全遵循正态曲线的分布规律。

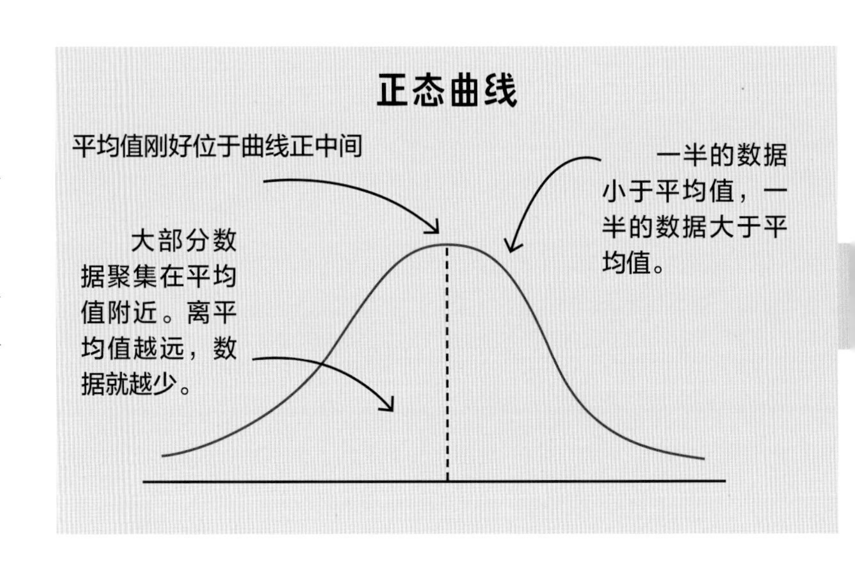

统计学——数学赋予数据更多的意义——它可以帮助我们找出一组数据的极值以及平均值。让我们来看看通过统计学的概念，可以从“身高”和“热狗”这两组数据中发现什么呢?

热 狗

这张图表显示了2018年在纽约科尼岛举行的“内森热狗大胃王”比赛结果。获胜者乔伊·切斯纳特在10分钟内吃掉了74个热狗！那么其他选手的比赛结果是怎样的呢?

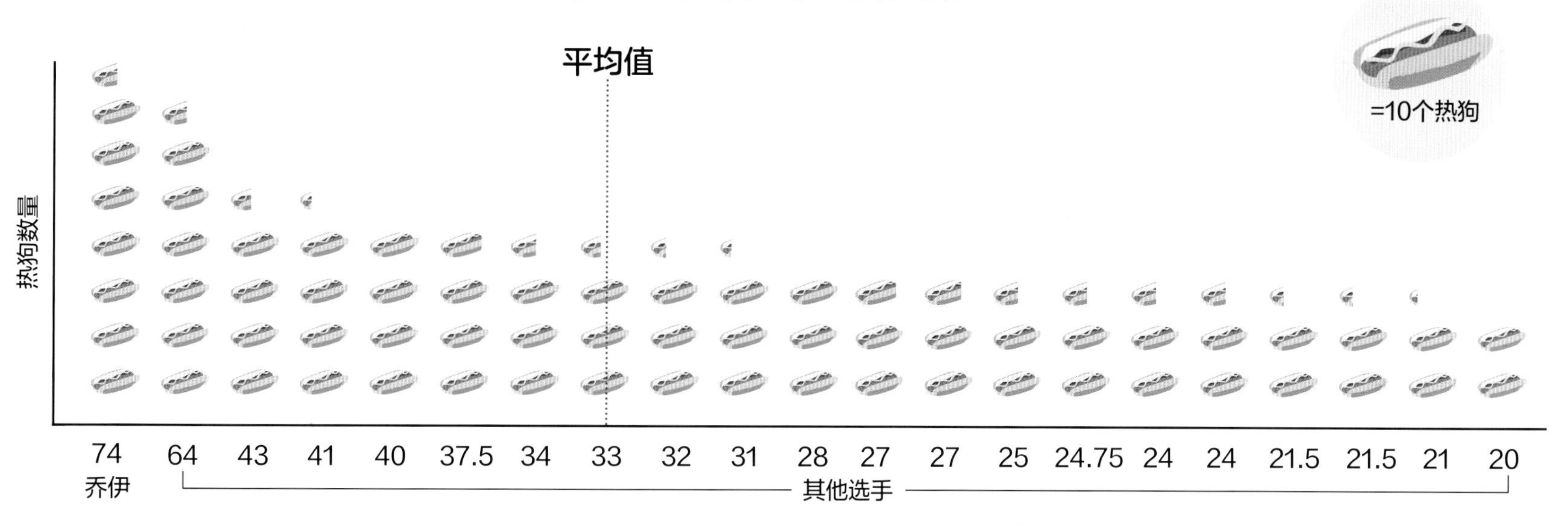

这场比赛中选手们平均吃了多少个热狗?

693.25个	÷	21人	≈	33个热狗
（总共吃掉的热狗数量）		（参赛的选手数量）		

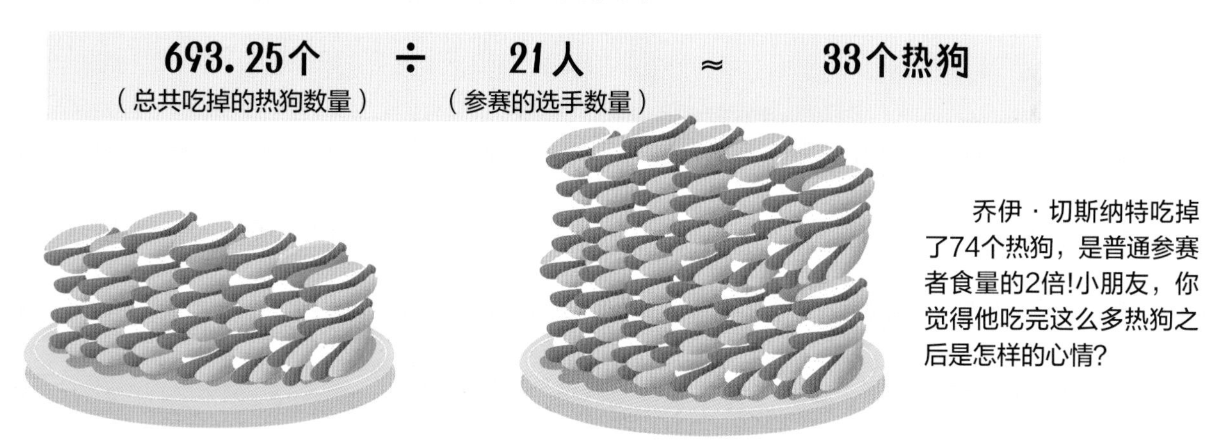

乔伊·切斯纳特吃掉了74个热狗，是普通参赛者食量的2倍!小朋友，你觉得他吃完这么多热狗之后是怎样的心情?

现在让我们看看“热狗图”上的平均值——它没有刚好位于中间的位置。你知道是为什么吗?

乔伊·切斯纳特吃掉了74个热狗，而其他大部分的选手只吃掉了不到45个的热狗，这就使得乔伊·切斯纳特的数值成为一个离群值（一组数据中与其他数相差较大的一个或几个数）。

乔伊·切斯纳特吃的热狗数量比他的竞争对手们多太多了。他的数据使平均值偏离了中位数（按顺序排列的一组数据中居于中间位置的数）。

谁想成为百万富翁？

数学不仅帮助我们学会如何理财，还让我们更好地了解金融风险。谈到赚钱这件事情，如果大家忽视了数学的作用，那后果可能会很严重哟！

利息非常有趣

利息是你将钱存入银行后额外获得的收益。

例如，你在银行存了1000元，一年的利率高达10%，一年后你可以获得100元的利息。（1000×10%=100）

利息分为两类：**单利**和**复利**。

银行不仅给存钱的人支付利息，他们也会向借钱的人收取利息。银行借钱时收取的利息会比给储户的利息高得多，这也是他们获取利益的方式！

单利

如果你在银行选择单利计息的存款方式，基于你存入的本金，每年可以获得相同的利息收入。

¥1000+¥100 =¥1100

如果你存了1000元，第一年可以挣得100元的利息。

¥1100+¥100 =¥1200

到了第二年，你还可以赚100元利息。

¥1200+¥100 =¥1300

以此类推，每年都可以获得100元利息。

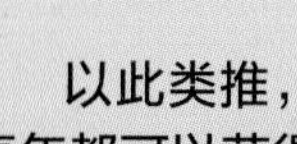

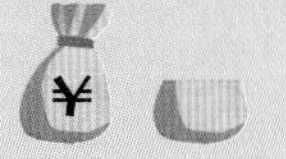

¥1300+¥100 =¥1400

第一年

第二年

第三年

第四年

¥1000+¥100 =¥1100

¥1100+¥110 =¥1210

¥1210+¥121 =¥1331

¥1331+¥133.1 =¥1464.1

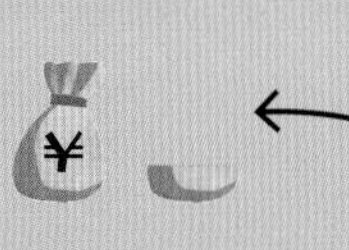

复利

如果你在银行选择复利计息的存款方式，那么你挣得的利息会随着本金的增加而递增。（简单来说，就是“复利”）如果你在银行存了 1000 元，第一年会获得 100 元的利息。

第二年的时候，你的利息是本金加上第1年利息总和的10%，也就是1100元×10%=110元。

复利的计息方式使每年的获利越来越多。从短期来看，复利的收益和单利的收益区别不大。但是复利会随着时间的累积而增长，最终使存款变成一笔巨款！

本金 = 1000元

从数学的角度出发，将钱以复利的形式长期存入银行是一种明智之举。

你想损失一大笔钱吗?

赌博会让你损失一大笔钱！因为赌场老板和彩票协会利用数学原理来确保大多数人是输钱的。

三百七十万分之一

在美国，赢得超级百万彩票头奖的概率大概只有三亿分之一。比起被鲨鱼吃掉的概率（三百七十万分之一），你更有可能被被鲨鱼吃掉。

老虎机设置了固定程序，它是按照一定的投币比例出钱的。大多数人可以得到90%左右的回报。这意味着如果你在老虎机上下注了10元，大概能回本9元。

¥1400+¥100
=¥1500

共计3500元

共计6000元

第五年

第二十五年

第五十年

¥1464.1+¥146.41
=¥1610.51

共计10834.71元

共计117390.85元

经过50年的复利增长，你的1000元本金将增长到117390.85元。如果是单利增值，你得等上1164年才能达到这个数额！

质数的秘密

质数很特殊，因为它们会带来一些无法解决的难题，但同时保护着我们的信息安全。

最简单的数

质数只能被1和它自身整除，而其他的整数都可以被多个数整除。

例如：质数5只能被1和5整除。如果你将5除以其他任何整数的话，最终只能得到分数或小数。

5÷1=5 ✓
5÷5=1 ✓
5÷2=2.5 ×

但是6不是质数，因为除了1和自身以外，它还可以被2和3整除。

6÷1=6 ✓
6÷6=1 ✓
6÷2=3 ✓
6÷3=2 ✓

最小的6个质数是2, 3, 5, 7, 11, 13。

1不是质数，因为它只能被1整除。

随着数的变大，质数也会越来越少——但它们会越来越大！

截至2020年，已知的最大的质数是$2^{82589933}-1$。它有24862048位数字！该质数是通过“因特网梅森素数大搜索”项目找到的。有成千上万的普通人志愿加入该项目，他们用自己的电脑来完成质数的程序搜索。

尚未被解决的数学难题

两个相邻质数只相差2的情况有多少呢？不管你信不信，没有人能回答这个问题！这就是著名的“孪生质数猜想”。这个问题大概在120年前就被提出了，目前世界上一些著名的数学家仍在努力研究它。

3 5

11 13

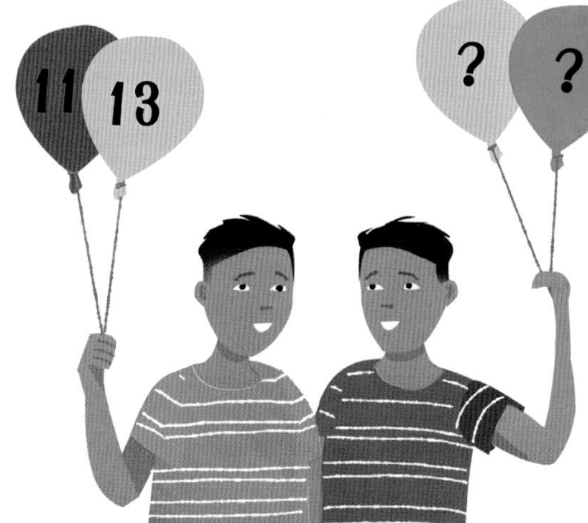

寻找质数

随着质数变大，新的质数越来越难被发现。因为判别一个数字是否为质数的唯一方法就是将该数字除以比它小的数。幸运的是，你不需要将其除以所有比它小的数，我们可以采用一种叫作“埃拉托色尼筛选法”的数学技巧。下面我们来看看它是怎么计算的：

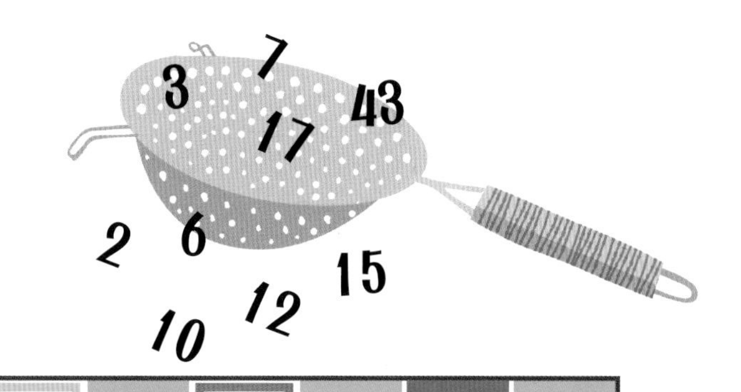

1. 检查该数能否被任意比它小的质数整除，从2开始，到3，到5，以此类推。
2. 直到遇到一个质数，它的平方数（自己乘本身）大于被验证的那个数，就可以停止除法计算。
3. 如果被检验的这个数仍然无法被整除，那么它就是质数！

例如，你想知道97是不是质数。

首先要确认97是否可以被比它小的质数整除。97先除以2，再除以3、5、7。但是你不需要再除以11或者更大的质数了。因为$11^2=121$（121大于97）。小朋友，动手试试看吧！

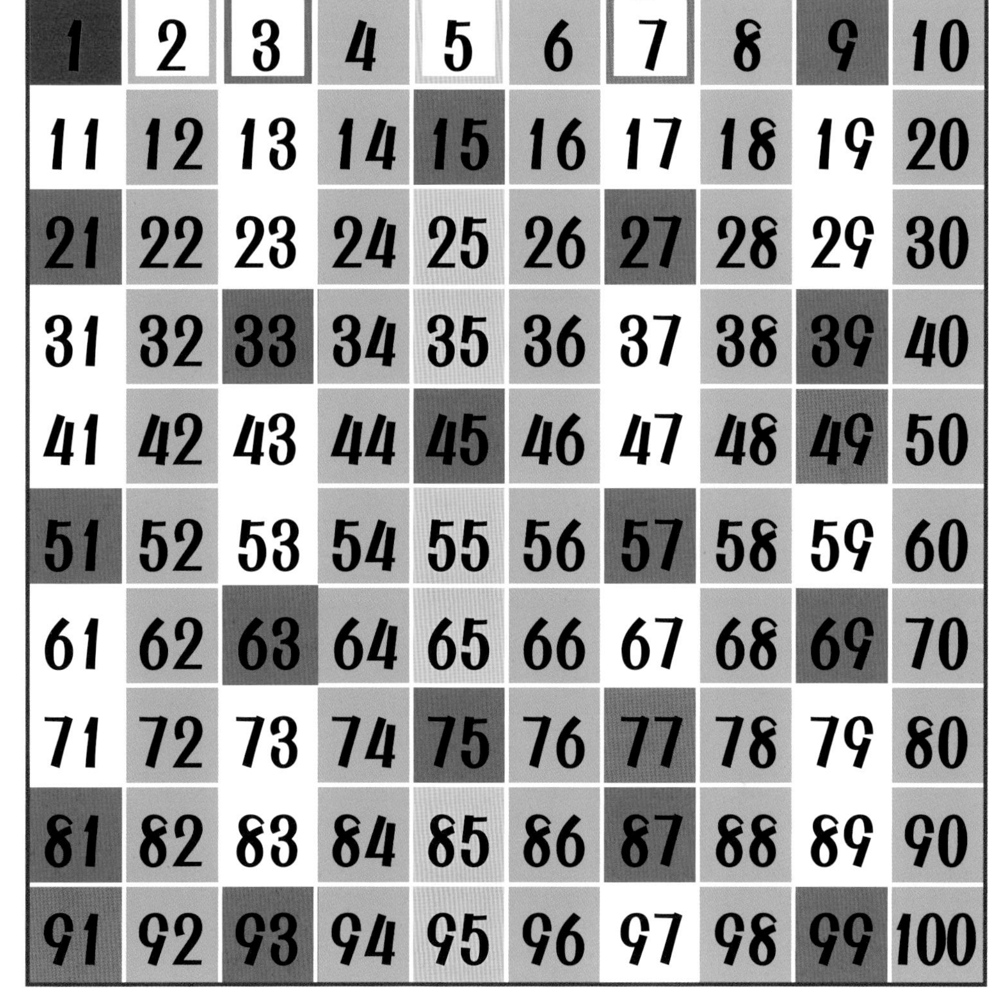

这个网格显示了从1到100之间能够被2（绿色）、3（蓝色）、5（黄色）和7（紫色）整除的数字。白色网格里的数字都是质数——97就是其中之一。

绿色方格：可以被2整除

蓝色方格：可以被3整除

黄色方格：可以被5整除

紫色方格：可以被7整除

质数的安全性

由于质数很难被人查找，所以人们会利用它们来创建密码！密码学家们，也就是研究密码及安全性的数学家，使用质数生成器来创建难以破解的密码。这些密码用于保护互联网上个人信息的安全。

质数昆虫

有些种类的蝉每隔13年或17年才从地下出来交配一次。你会发现，13和17都是质数，这可不是巧合哟！科学家们认为这有助于蝉避开捕食者。如果蝉每隔12年从地底下钻出来，那么就有可能会被生命周期为2年、3年、4年或者6年的捕食者吃掉。但是每隔13年或17年出来一次的蝉，就很难与那些捕食者碰上，从而更容易存活下来。

太空中的形状

太空中物体的形状可能会让你大吃一惊。地球是圆的吗？只能说差不多，但确切来说并不是。让我们一起跟着数学家们来探索太空中的形状吧。

地球的形状

你能够发现这两个球体的不同吗？如果你觉得它们的形状完全一致，那你就错了。

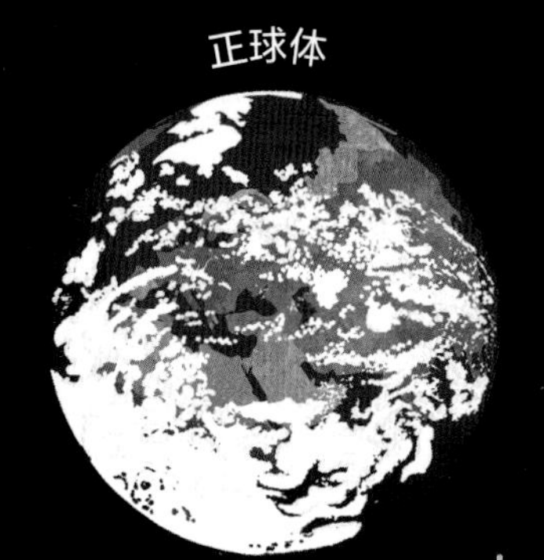

是球体还是扁球体呢？

这两个球体在垂直方向上的直径是一致的；但在水平方向上，右边球体的直径比左边球体的直径要宽0.3%。尽管它们只有如此细微的差别，那也意味着右边球体并不是一个正球体，这样略扁的形状我们称为扁球体——扁球体向外凸出，中间比周围要厚一些。地球也是扁球体。为什么地球不是完美的球形呢？因为地球会不停地旋转呀。

快速旋转

当一个物体旋转时，物体外层部分会比中间的部分转得快一些。任何物体旋转时都会产生这样的情况，就像自行车轮子的转动一样。

当地球绕自转轴旋转时，赤道外层区域的速度比自转轴附近区域的速度快，导致赤道外层区域有飞向宇宙的趋势。

与此同时，由于地心引力的作用，地球外部被球心吸引。这两种作用使地球膨胀向外凸出，形成扁球体。

由于重力（引力）的原因，宇宙中所有的行星和恒星都是扁球体。

科学摘要

重力是一种无形的作用力，可以让空间里的物体相互吸引。它将地球上的物体向地心吸引。这就是为什么当你的吐司掉下来时，会落在地上。

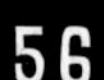

其他行星的形状

土星是太阳系中最不像正球体的行星。土星赤道两端间距比两极之间的距离还要宽11%。

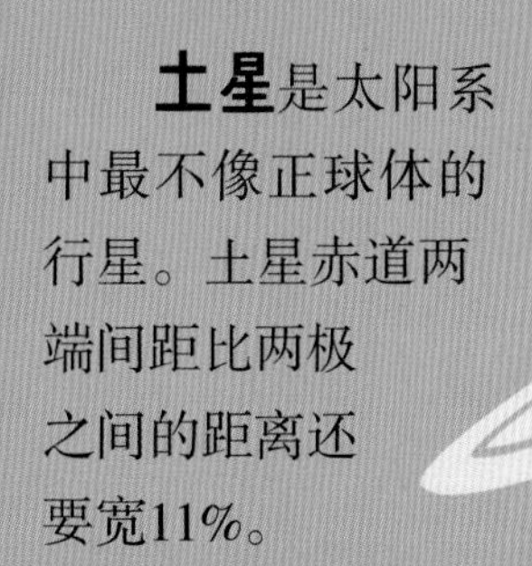

金星是太阳系中最接近正球体的行星。它的凸起几乎可以忽略不计，它是一个近乎完美的正球体。

太空里有没有立方体的行星呢？没有。

这都要归功于重力。与其说行星是固体，不如说它更像由岩石和气体组成的团块。在重力作用下，所有的岩石和气体均匀地被吸引在一个中心的周围，于是就形成了球体。

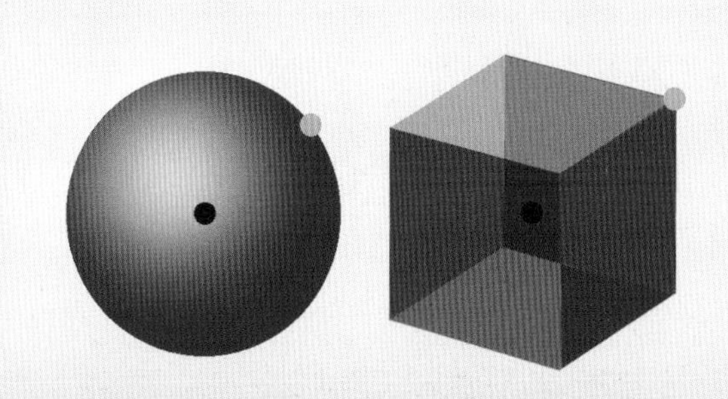

如果行星是立方体的，意味着行星的某些部分离球心处的距离会比其他地方要远，比如立方体的四个角。这样会导致受力不均，这是不符合万有引力定律的。

运行轨道的形状

太阳系中行星运行轨道都是椭圆形的，我们称它为椭圆轨道。行星在运行轨道上围绕着太阳进行公转。

远日点

每年的7月，地球距离太阳最远。这个位置叫远日点。此时地球距离太阳有**152100000千米**。

152100000千米

太阳

147100000千米

地球

地球围绕太阳运行的公转轨道

近日点

每年的1月，地球距离太阳最近，这个位置叫近日点。此时地球距离太阳有**147100000千米**。

近日点和远日点相差**500万千米**。听起来很夸张，但其实只相差大约**3%**，这根本不算什么！

宇宙的大小

目前没有人确切地知道宇宙到底是什么样子的。

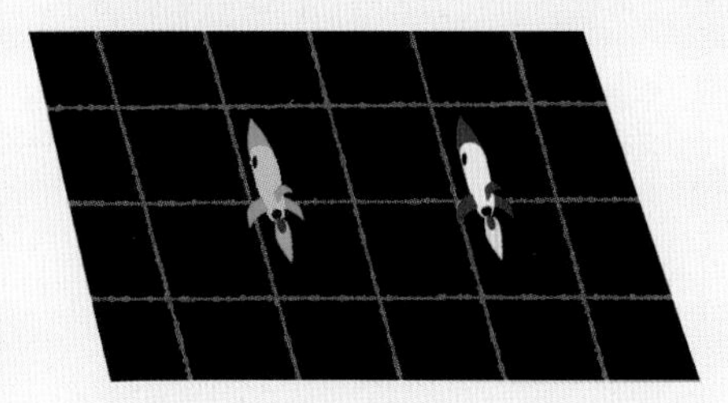

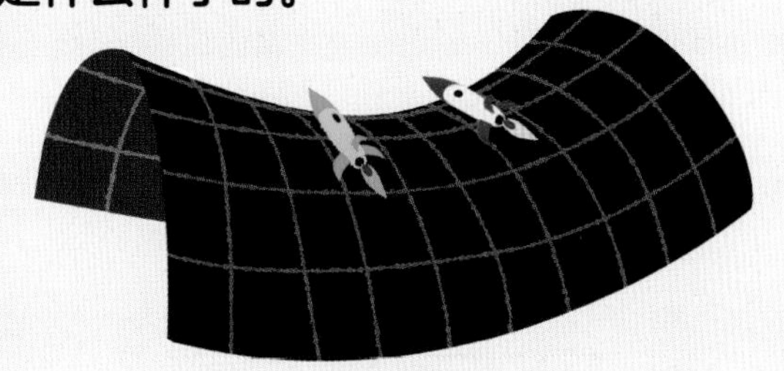

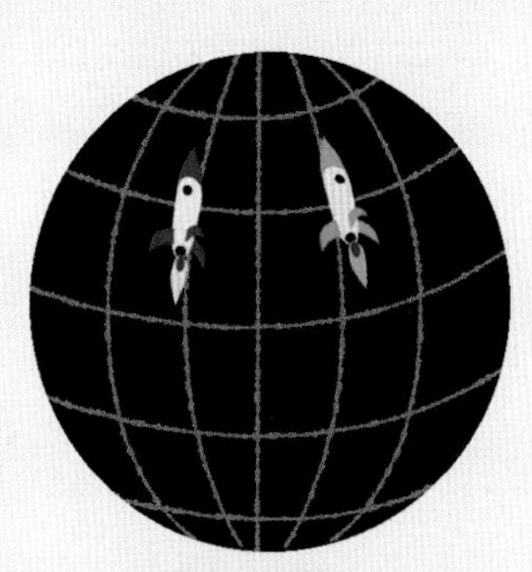

平面的

一些科学家认为宇宙是平面的，如果两艘宇宙飞船并排飞行，它们将会一直这样飞下去，永远不会相遇。

开放的

另外一些科学家认为宇宙是开放的。在宇宙中平行飞行的两艘宇宙飞船不会相遇，而且最终会远离彼此。

封闭的

还有一种理论认为宇宙是封闭的，这意味着两艘宇宙飞船如果持续平行飞行，最终它们将会相遇并发生撞击。

数学和音乐

同时弹奏两个音符或者两种节奏，会发出什么声音呢？这些都跟你耳朵的计算结果有关。其实，音乐的核心是数学。

数学旋律

在弹奏时，有一些音符会发出非常刺耳的声音，但是合奏时，有一些音符却会发出悦耳的旋律。这都是因为分数的作用。

声音是从一种声源发出，向远处传播的声波。频率就是声波每秒振动的次数。我们听到的不同音符其实是不同频率的声波。

音阶中的每个音符都有一个独特的频率，以赫兹为单位。旋律听起来悦耳是因为音符的频率比都和简单的分数有关！下面是一些著名的和弦及组成这些和弦的分数。

八度音阶

一个八度音阶其实是两个相同的音符，但是其中一个音符比另一个音符音阶要高。例如《彩虹之上的某个地方》前两个音符C_1和C_2，在八度音阶中，高音C_1的频率是低音C_2的两倍。因此它们可以完美地结合在一起。

$$261.6\text{赫兹} \times \frac{2}{1} = 523.2\text{赫兹}$$

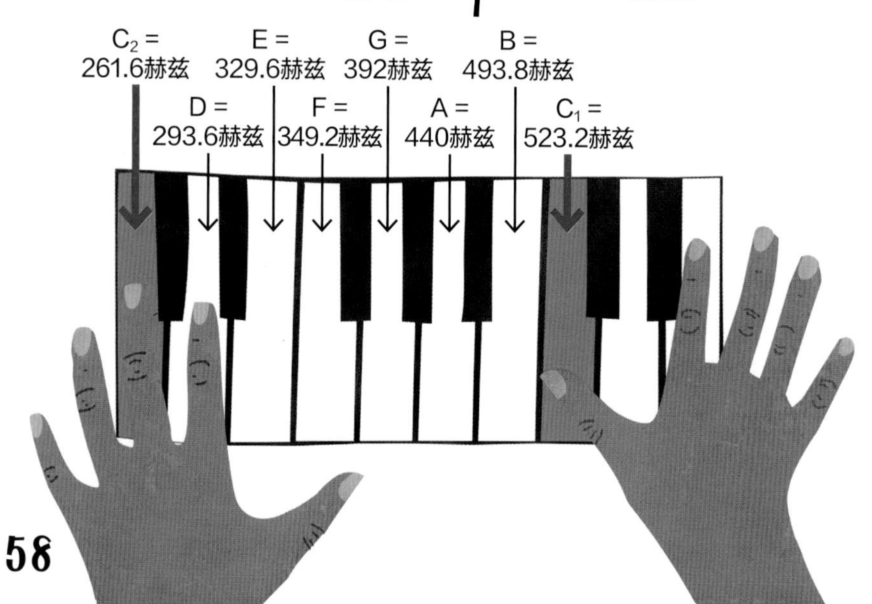

纯五度

被称为纯五度的和弦，例如C和G——《星球大战》这首曲子的前两个音符。高音符G的频率差不多是低音符C频率的 $\frac{3}{2}$ 。这个简单的分数意味着这两个音符放在一起时可以发出非常悦耳的声音!

$$261.6\text{赫兹} \times \frac{3}{2} = 392.4\text{赫兹}$$

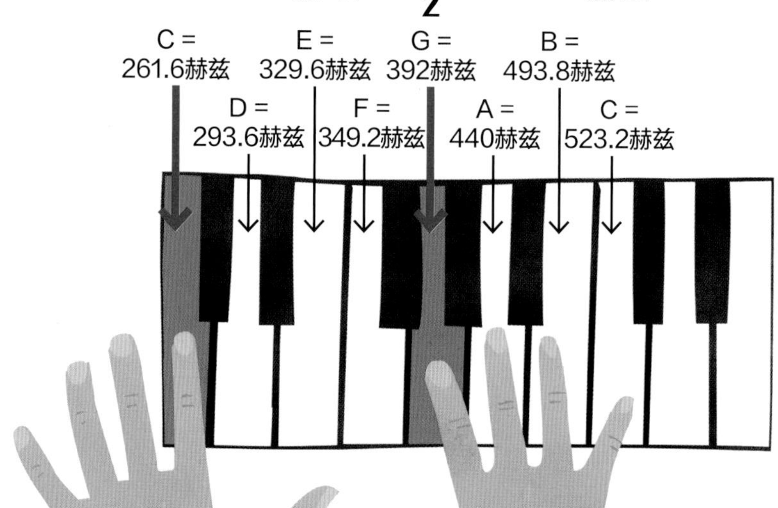

数学和节拍

如果你能听懂音乐，就可以进行数学运算。 如果你会一点数学，那么也可以看得懂乐谱。

节拍就是分数！每个节拍都有自己的名称。1个“全音符”等于2个“二分音符”，1个“二分音符”等于2个“四分音符”，1个“四分音符”等于2个“八分音符”。

“附点全音符”后的这个点相当于持续1½（1.5）时长。因此，“附点二分音符”的持续时长是“二分音符”的1½（1.5）倍。

- 全音符 1
- 附点二分音符 3 / 4
- 二分音符 1 / 2
- 四分音符1 / 4
- 八分音符 1 / 8
- 八分音符三连音 1 / 12
- 十六分音符 1 / 16

持续时长

为什么每首乐谱的开头都会出现一个分数呢？这些数字被称为“拍号”。它们会告诉音乐家们每个音程或者每小节有几拍，每个拍子持续多长时间。

DJ都是数学天才！

DJ将歌曲混在一起制作音乐。目的是在一首歌切换到另一首歌的留白期间，人们可以继续跳舞，他们需要匹配两首歌的节奏，并确保它们之间顺利过渡。数学就是创造完美节拍的关键。

打 球

在足球场或是棒球场边，你会听到人们谈论各种跟数学有关的事情。运动比赛的统筹、战术分析，甚至比赛项目本身也都依赖于数学。

体育运动里的形状

许多运动项目使用圆形的球，但也不是标准的圆！

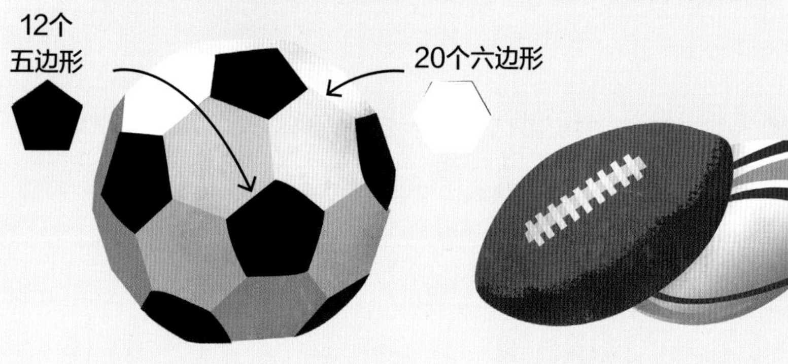

足球 = 切顶二十面体

美式橄榄球=椭球体

曲棍球=圆柱体

高尔夫球不是完美的球体，它的表面有300～500个小凹坑，每个凹坑大约有0.254毫米深。在同等情况下，一颗表面光滑的球飞行距离只有高尔夫球的一半远。那是因为球面的小凹坑减少了高尔夫球在空气中受到的阻力，从而增加了球在空中飞行的速度。

高尔夫球=有凹坑的球体

体育统计

如果没有数据统计，运动可能会毫无乐趣可言！球迷们痴迷于球队的胜负、排名以及球员的平均得分。而统计学可以帮助球员和教练制定赢得比赛的策略和战术。

世界杯点球大战中的数据统计显示，当球队输球时，该队守门员扑向右路的可能性是扑向左面的两倍，这项数据统计对前锋射门是非常有帮助的。

在2002年，奥克兰棒球队曾通过统计学来招募一些被其他球队所低估的球员，这一举动远近闻名。他们只花了很少的钱，就组建了一支非常优秀的球队。

棒球产生了非常多的统计数据，于是棒球统计研究有了自己的名字——赛伯计量学。

应该向左还是向右跑？这是网球运动员必须判断的重要问题之一！统计学可以帮助网球运动员预测对手们最有可能击球的方向。

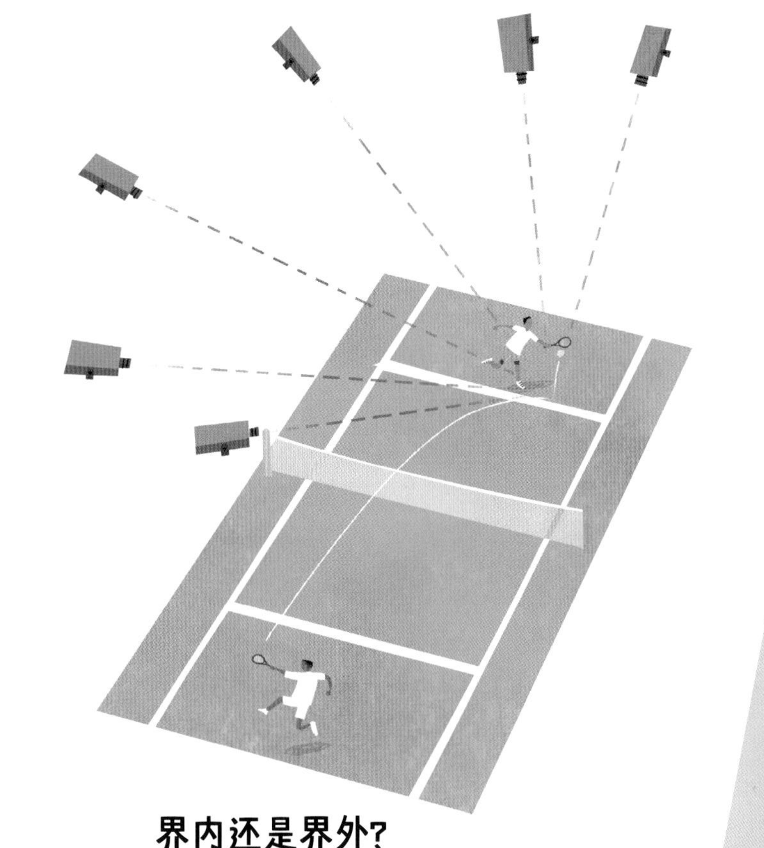

界内还是界外？

鹰眼系统用于在比赛中追踪球的实际轨迹。这个系统的原理是用多个摄像机从不同的角度记录比赛，并使用三角函数——即三角形和角度的数学关系——来计算球是落在了界内还是界外。

能跑多快？

2009年，尤塞恩·博尔特以9.58秒的成绩跑完100米，是目前世界上跑得最快的人。他的纪录能被打破吗？数学告诉你可以！根据斯坦福大学的科学家们建立的数学模型预测，人类最快完成百米奔跑的时间将可能达到9.48秒。

完美的入水

想在游泳比赛中有个完美的开局吗？最好研究一下入水的角度！

对于自由泳比赛来说，最佳的入水角度是40度。

40°

对于蛙泳而言，稍微大一点的角度入水会更好。

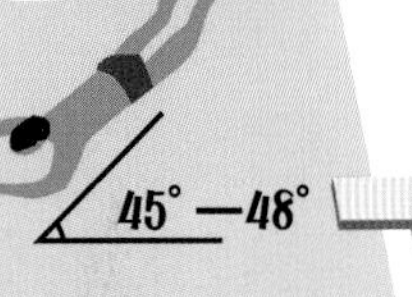

一共有多少支队伍？

体育比赛中最大的难题是如何组织一场公平的比赛。在锦标赛中，参赛队伍在每一轮比赛中以两队为一组厮杀。每一轮比赛结束后，都会有一半的选手被淘汰。

如果你想让每个人参加的比赛场次相同，那么每一轮的参赛人数必须均等；否则，就会有人落单。事实上，只有当参赛人数是2的幂次方时，才能达到这样的结果——这些数字是由2相乘若干次后得到的（例如4、8、16、32等）。

这是为什么呢？因为2的幂次方减半后，得到的数字依然是一个2的幂次方。如果赛场上按照这种方式进行淘汰，就不会有人落单，并在最后角逐出唯一的冠军！

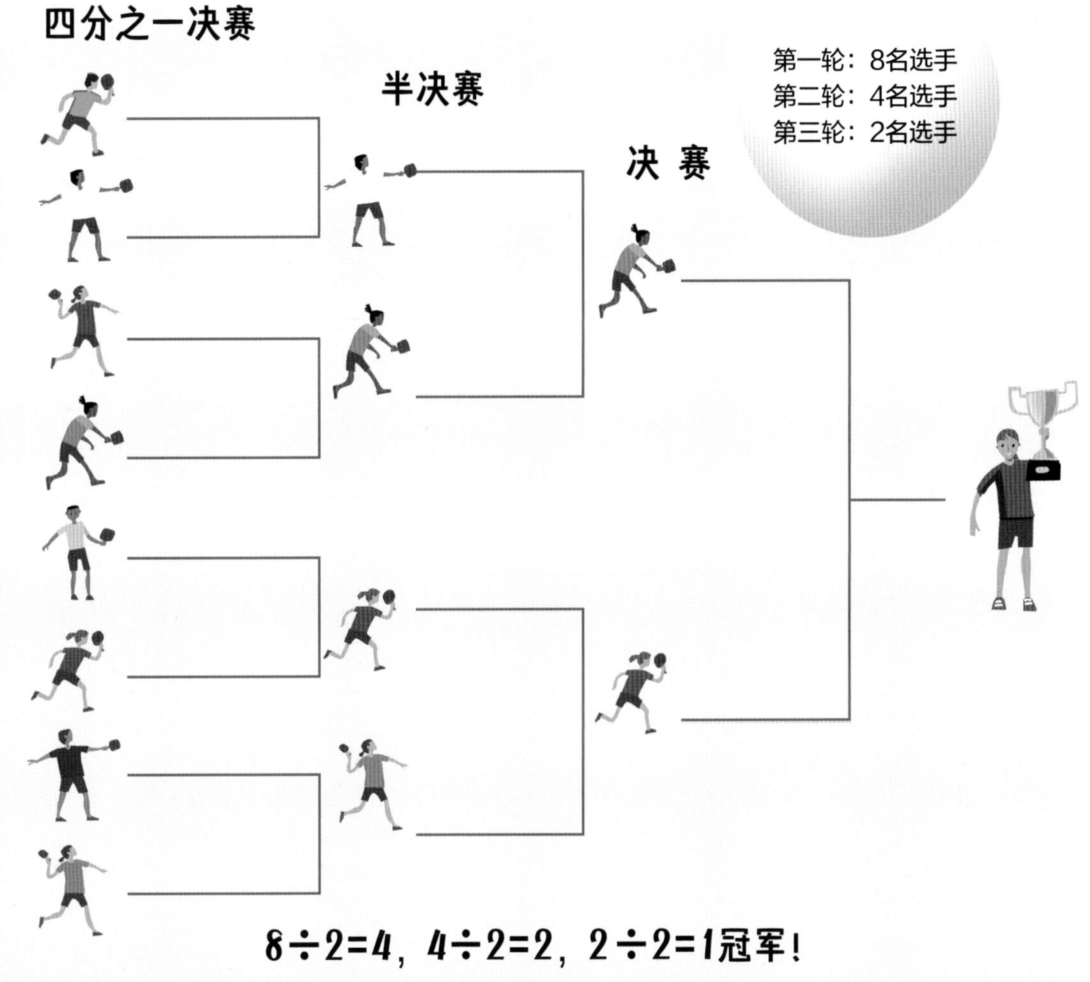

奇怪的数学现象

不要听信别人说数学非常枯燥！其实数学充满了奇思妙想！有的时候你会在数学中发现非常奇妙的现象。

生日伙伴

一个房间里有23人，其中两个人在同一天生日的可能性为50.7%。如果房间有75人，这种概率可达100%。

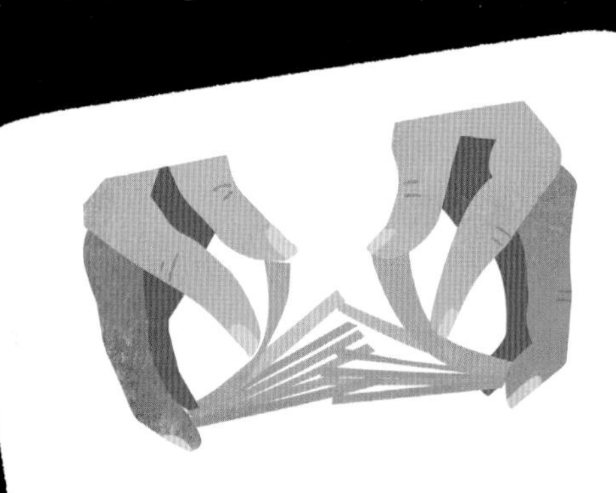

完美的洗牌

7是洗牌的完美次数。通过“对切法”将扑克分成两半，再用拇指弯曲扣紧牌，拇指逐渐松开向内拨牌，让两叠牌交错叠在一起——将一副52张的牌洗7次，就能把牌完美地洗好了。

规模非常重要

对一个城邦来说，最佳的公民数量是多少呢？根据古希腊哲学家、数学家柏拉图的记载，5040是最适合的数字。这是因为5040能够被许多数字整除——确切地说可以被60个数字整除。所以5040位公民能够被划分为不同类别的小组，成立投票区和组委会。柏拉图认为这一点在城邦政治中举足轻重。

奇数和偶数

古希腊数学家毕达哥拉斯的追随者们相信数字是有性别的。他们认为所有的奇数都是男性，所有的偶数都是女性。这听起来很奇怪对吗？实验表明，现代的人们也仍然倾向于这个观点，即奇数是男性，偶数是女性。

永无止境的涂鸦

你用线就可以填满一张正方形的纸！这种填充线条叫作空间填充曲线。为什么听上去这么奇怪呢？因为线是一维的，它们只有长度，没有宽度。然而，通过某种方式，这些曲线在纸上完成了二维空间中宽度的填充。小朋友，这种画法只能通过计算机程序实现哟！

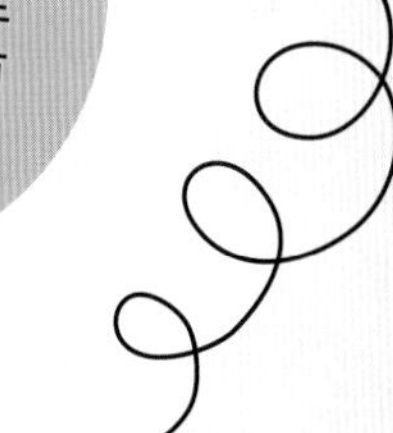

这些曲线被称为“希尔伯特曲线”。如果要填满整张纸，只需要遵守一个简单的规则——一遍又一遍地重复！下面是画这个曲线的规则：

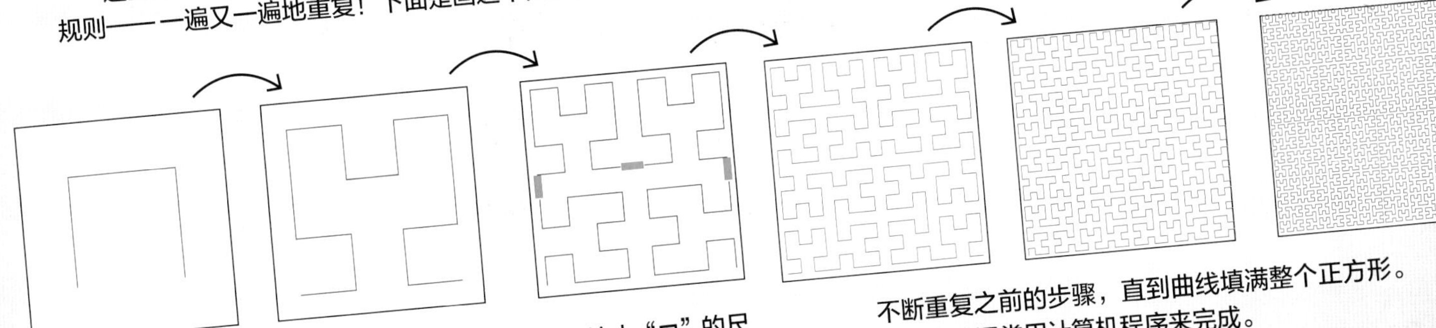

首先画出一个“⊓”的形状。

通过旋转方向，画出4 个相同的“⊓”形状，并将它们相连。

缩小“⊓”的尺寸，重复前面的画法，然后不断连接新的“⊓”形状。

不断重复之前的步骤，直到曲线填满整个正方形。希尔伯特曲线通常用计算机程序来完成。

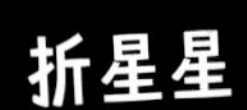

折星星

将一张纸对折并不是什么难事。但是如果将这张纸对折42次，那么折纸的厚度就是从地球到月亮的距离，再继续对折11次，就是从地球到太阳的距离。如果你设法将其对折103次，它的厚度将超过可观测到的宇宙直径。

太阳

一张纸再对折11次

月亮

一张纸对折42次

地球

但 是

从数学角度出发，将一张标准的纸对折那么多次是不可能的。2002年，加利福尼亚高中生布兰妮·加利文提出了一个方程式：根据纸张的长、宽、厚度来计算一张纸能被折叠多少次。为了将一张纸折叠12次，布兰妮需要准备一张1200米长的纸巾——这是一个田径赛道长度的三倍！因此如果你想折出一张可以到达月亮的折纸，那么你需要更大的纸。

超级变变变

不管事物处于运动状态或者保持不变，数学对此都有相应的解释说明。微积分可以帮助数学家们研究什么是变化。

车速多少？距离多远？

试想一下，一家人驾车去看望住在80千米以外的祖母，计划一个小时内到达，为了能够准时赶到祖母家，他们需要保持80千米/时的车速行驶。但是穿过城镇的道路限速40千米/时，加上途中各种会耽搁时间的因素。那么，如何行车才能在1个小时内到达祖母家？

小朋友，不要忘了，80千米/时只是平均速度。汽车在行驶过程中会忽快忽慢。那么，汽车的行驶速度是多少？什么时候车速发生了改变呢？微积分可以告诉我们答案！

微积分研究事物如何随着时间的变化而变化。它可以计算出旅途中车速的变化规律，并找出这家人沿途被耽搁数次后，按时到达祖母家的办法。

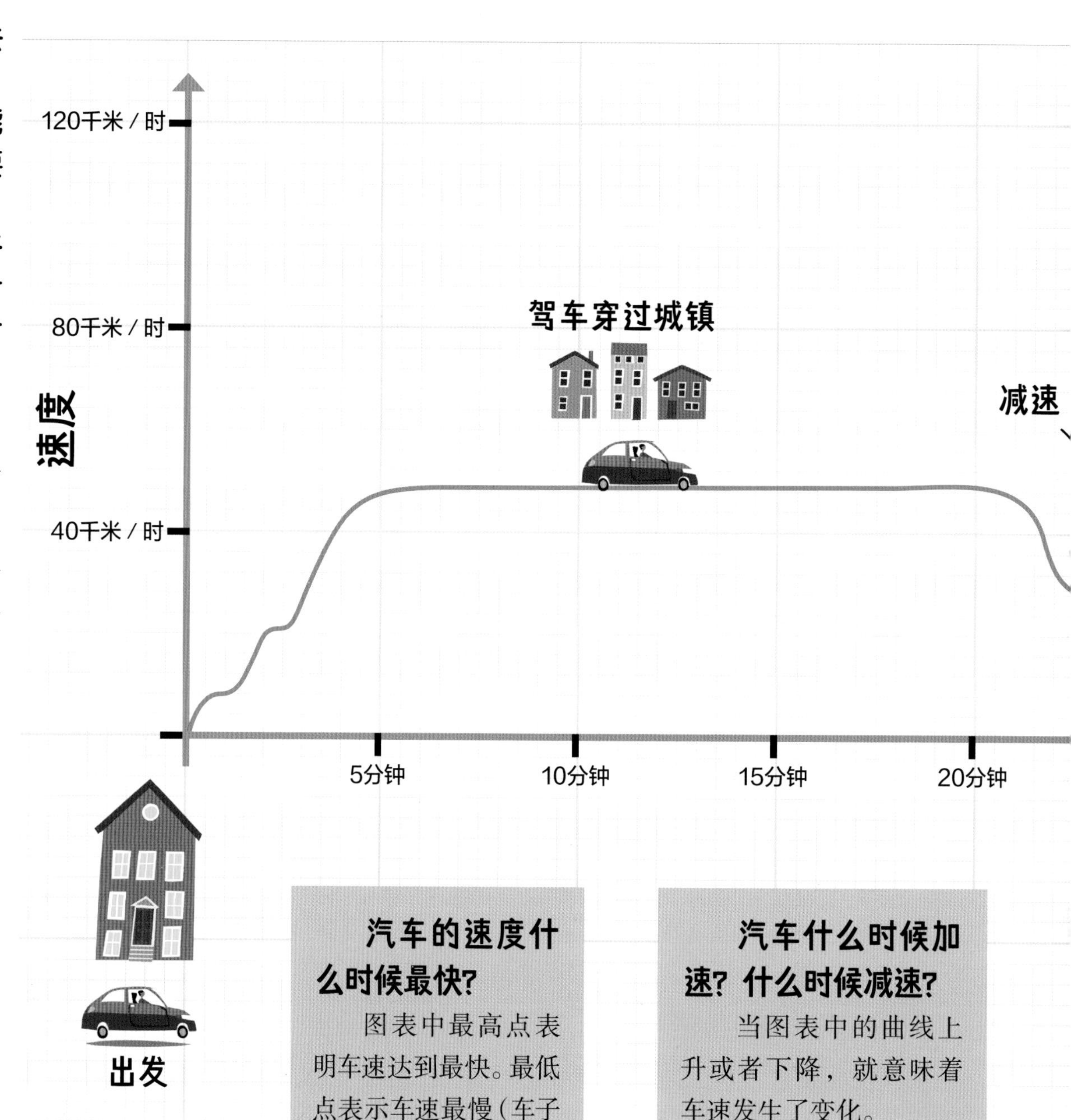

汽车的速度什么时候最快？

图表中最高点表明车速达到最快。最低点表示车速最慢（车子几乎没有移动）。

汽车什么时候加速？什么时候减速？

当图表中的曲线上升或者下降，就意味着车速发生了变化。

微积分名人堂

如果没有这些杰出的数学家们，人类在微积分领域就不会有今天的成就。

印度数学家**马德哈瓦**（约1350—1425）生活在微积分正式被“发明”的数百年前，他的研究使用了许多现代微积分中的理论原则。

著名的英国科学家**艾萨克·牛顿**（1643—1727）在17世纪发明了“流数法”（他对微积分的命名）。

变化无处不在——微积分也是如此！

微积分是最有用的数学分科之一，它的用处非常多！

预测一个公司未来一段时间内盈利或亏损的金额。

预测世界人口变化。

研究行星和恒星的运动变化。

还可以用来绘制风的运动轨迹图和温度的变化轨迹图。

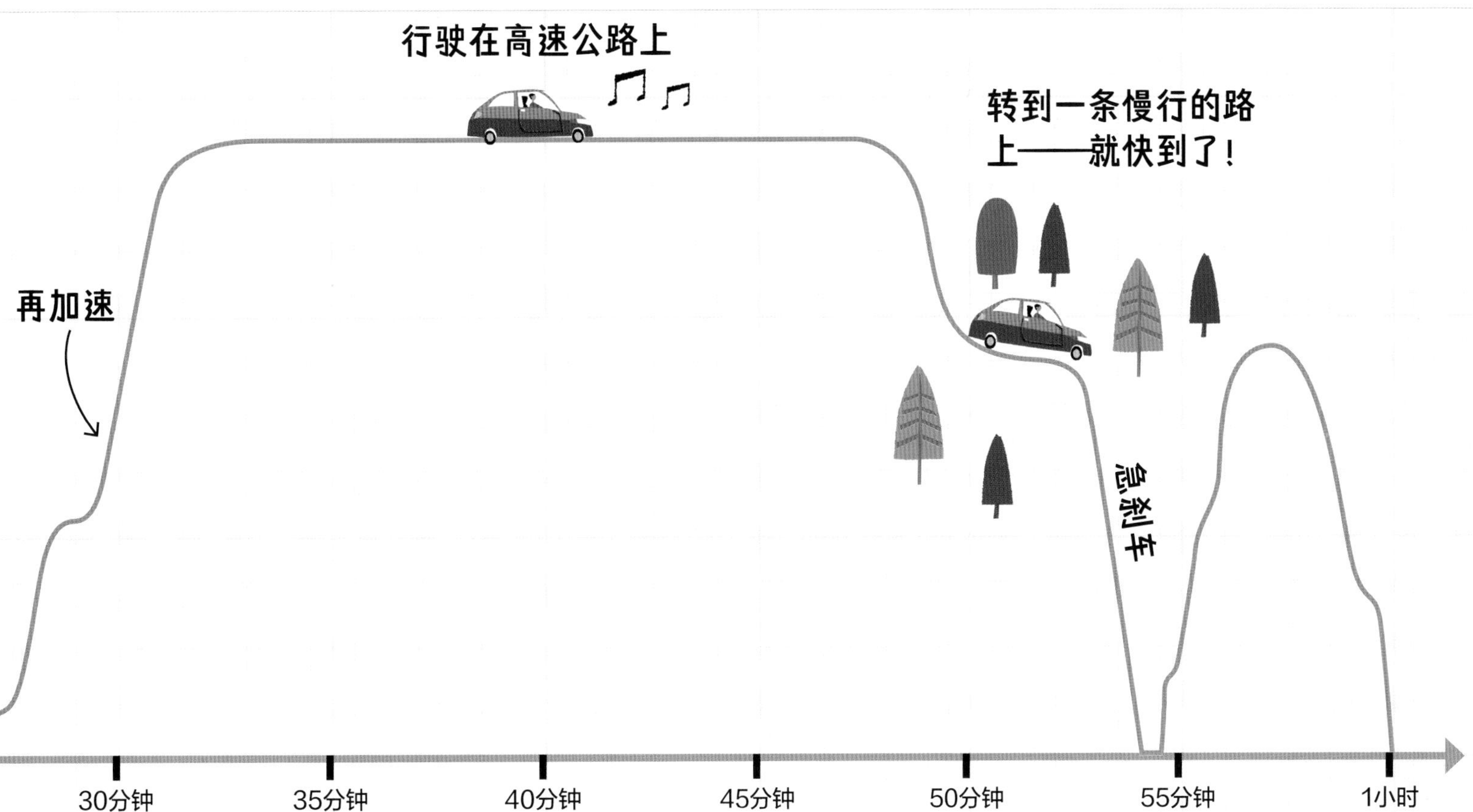

停车加油

旅途中哪段路程最远呢？

图表显示汽车在城镇和高速公路上行驶的时间一样，但是在高速公路上的车速更快。这就意味着，在同等时间内，汽车在高速公路上开得更远。

这张图显示了汽车的行驶速度和时间，大家能看出来汽车行驶了多少路程吗？

似乎不行，但可以用微积分计算出来！曲线下方的区域面积等于汽车行驶的距离。

快停下来！前面有鹿！

祖母的家

德国数学家**戈特弗里德·威廉·莱布尼茨**（1646—1716）也在同一时期有此发明！两人都宣称自己是微积分的创始人。

瑞士数学家**莱昂哈德·欧拉**（1707—1783）发现了解决微积分问题的重要方法。

来自意大利的**玛丽亚·盖特纳·阿涅西**（1718—1799）是第一位编写数学教科书的女性，而且是关于微积分的数学教科书！

美国数学家**凯瑟琳·约翰逊**（1918—2020）在美国国家航空和航天局工作，她使用微积分帮助宇航员们登月。

数字迷信

你有自己的幸运数字吗？在很多地方，人们把运气的好坏跟数字联系在一起。

一些不吉利的数

你是否在一栋公寓里发现没有4层或13层？或者注意到一架没有13排和17排座位的飞机？因为世界上很多人认为某些数是不吉利的。让我们一起看看有哪些幸运的数和不吉利的数吧！

13

没有人知道“13”是从什么时候开始变成一个不吉利的数的。但是在欧洲和美国，人们对“13”的恐惧是很普遍的，至少有10%的美国人害怕“13”这个数！人们甚至给这种恐惧起了个名字，叫作“十三恐惧症”。

4

在德国，“4”是一个幸运数字，找到有4片叶子的三叶草是幸运的象征。

奇数和偶数

在俄罗斯，如果送花给别人，一定要保证花的数量是奇数。偶数在当地被认为是不吉利的，偶数的鲜花往往出现在葬礼上。

4

在中国，数字“4”是不吉利的。因为数字“4”的汉语发音和“死”非常相似。

7

在美国和欧洲的一些国家，“7”被视为幸运数字。我们的一周有7天，彩虹有7种颜色，曲谱中的音阶有7个音符，而且世界古文明有七大奇观。

9

在日本，数字“9”是不吉利的，因为日语中“9”和“受难”的发音类似，这与“4”在中国的情况相同。

17

在意大利，“17”是不吉利的。“17”在罗马数字中写作“XVII”，将这个词的字母换个顺序后就变成了“VIXI”，而这个词是“结束生命”的意思。

8

在印度，“8”是不吉利的数字，如果一个数的不同数位上的数字相加等于“8”，那个数也是不吉利的，如17（1＋7＝8）和26（2＋6＝8）。

9

在泰国，“9”是最幸运的数字。因为“9”在泰语中的发音和“前进”非常相似。在婚礼或一些佛教仪式上，通常会邀请9名僧人到场。当曼谷地铁开通时，前99999名乘客都收到了礼物。

8

在中国，最幸运的数字是“8”，因为它的发音与“发”相似，与财富和好运相关。中国在2008年主办北京奥运会时，将开幕式时间定于8月8日晚上8时整。

当心，“厄年”来了！

在日本文化中，男性25岁、42岁或61岁是不吉利的，女性19岁、33岁或37岁是不吉利的。这是一种叫作“厄年”的数字迷信。而且“厄年”前后几年的数也被认为是不吉利的。

可怕的数

大约在公元前520年，一位名叫希帕索斯的古希腊数学家发现了一件可怕的事情：2的平方根（即$\sqrt{2}$）不是一个整数，也不是一个分数。这就是我们现在所说的“无理数”（不循环的无限小数）。希帕索斯是古希腊“毕达哥拉斯”学派成员之一。这个学派非常迷信，他们认为宇宙是由整数和分数组成，不相信有无理数的存在！据说，这项发现令该学派感到震惊和恐慌，最终希帕索斯被学派门人丢进地中海淹死了。

数学中的幸运之数

7是你的幸运数字吗？9或者31呢？根据数学家的说法，这些都是幸运之数，尽管它们并不能给你带来好运！对数学家来说，幸运之数是经过下列运算过程后剩下的数。

以一组从“1”开始的正整数列为例。

1	2	3	4	5	6	7	8	9	10	11	12	13	14	15	16	17	18	19	20	21	22	23	24	25	26	27	28	29	30	31	32	33

每两个数为一小组，并拿走每小组内的最后一个数，那么就只剩下奇数了。

1		3		5		7		9		11		13		15		17		19		21		23		25		27		29		31		33

根据上面的图表，紧邻“1”后的是“3”，那么每三个数为一小组，并拿走每小组内的最后一个数。

1		3				7		9				13		15				19		21				25		27				31		33

紧邻“3”后的是“7”，那么每七个数为一小组，并拿走每小组内的最后一个数。

1		3				7		9				13		15						21				25		27				31		33

紧邻“7”后的是“9”，那么每九个数为一小组，并拿走每小组内的最后一个数。

1		3				7		9				13		15						21				25						31		33

以此类推，最后剩下来的就是“幸运之数”，因为它们在这个淘汰的过程中“幸存”下来了。

是真还是假？

小朋友，你有想过给椰子梳头发吗？那么你买这本书就对啦！数学家们可以证明很多奇奇怪怪的事情哟！

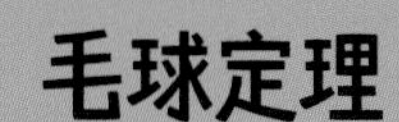

毛球定理

无论你梳头发的时候有多么仔细，总会有一些头发竖起来。基于毛球定理，这种恼人的现象是无法避免的。这个定理告诉我们，任何一个表面被毛覆盖的球体，其毛状物都不可能被理顺梳平。比如椰子或是蜷缩的刺猬。当然也有例外，一个毛茸茸的甜甜圈倒是可以被梳理得平平整整。

火腿三明治定理

想象一下，太空中正飘浮着两片面包和一片火腿。两名饥饿的宇航员想平分这份三明治，但是他们只能用一刀切开。你觉得他们可以做到吗？答案是可以。这就是火腿三明治定理。听到这里，你是不是觉得好笑，这还用说吗？但事实没那么简单。因为这两片面包和火腿有可能飘浮在太空中的任何地方，彼此相距很远，但是两名宇航员仍然有机会将这份三明治一刀平分，只是他们需要一把很长的刀。

四色定理

来给美国地图上个色吧！现在，你共有四种颜色的水彩笔，要求你给每个州涂上色彩，并且两个相邻的州颜色要不同。你可以做到吗？答案是可以。1976年，美国的阿佩尔等人宣布借助电子计算机证明了用四色染图是足够的。

折纸中的一刀切定理

只要按照正确的折纸方式，你就可以用一张纸和一把刀剪出任意直边图形！这个现象被称为“折纸中的一刀切定理”。很多图形都能够通过将纸张准确折叠后一次剪裁出来，比如正方形和六边形这样简单的形状。一些更复杂的形状，像五角星、蝴蝶，甚至字母表也可以实现一刀切。

下面是用一刀剪出五角星的方法：

1. 将一张长方形的纸对折，将开口的一边朝向右边。

2. 将左下角向上折叠到顶部边缘的中间位置。

3. 然后将红色的底边向上翻折起来。

翻折后，红色边与蓝色边重合。

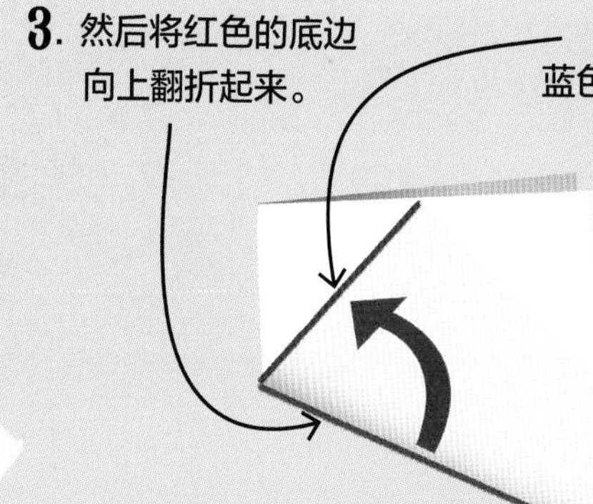

现在，你的折纸应该是这样的。

4. 将图中紫色的部分向后折叠。

5. 沿着虚线剪开。

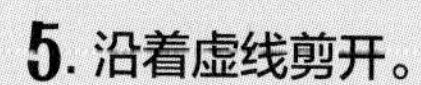

6. 将剪下的左侧部分展开，你就可以看到一颗五角星啦！

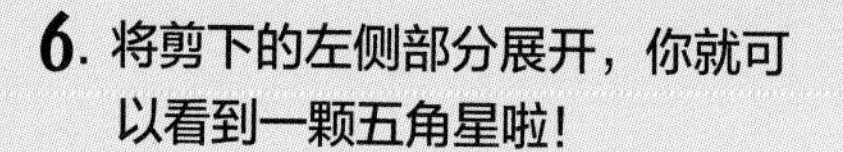

来证明一下！

定理是其真实性经逻辑论证而得到确定的命题或公式。数学家会通过数学逻辑来反复论证一个定理。论证方式多种多样，可以用文字、符号或图片。

有史以来，最长的论证发生在2013年，是由一台超级计算机完成的。由于论证过程太长，我们需要100亿年才能看完它。

右边两张简单的图片就能证明勾股定理。勾股定理说明，上方图片中的两个白色方块的总面积和下方图片中较大的白色方块面积相同。小朋友，你知道如何通过这两张图片来论证勾股定理吗？

令人困惑的悖论

悖论是指看上去自相矛盾，或是缺乏逻辑性的陈述。数学世界里充满了这种看上去自相矛盾的事物，但它们偏偏又可以用数学原理来解释。

不可思议的赛跑

很久以前，古希腊有一只乌龟向英雄阿基里斯发起了100米赛跑的挑战。这听上去很愚蠢，要知道，阿基里斯的跑步速度是乌龟的2倍！但乌龟提出，只要让它提前出发20米，它就能赢。乌龟的理由如下：

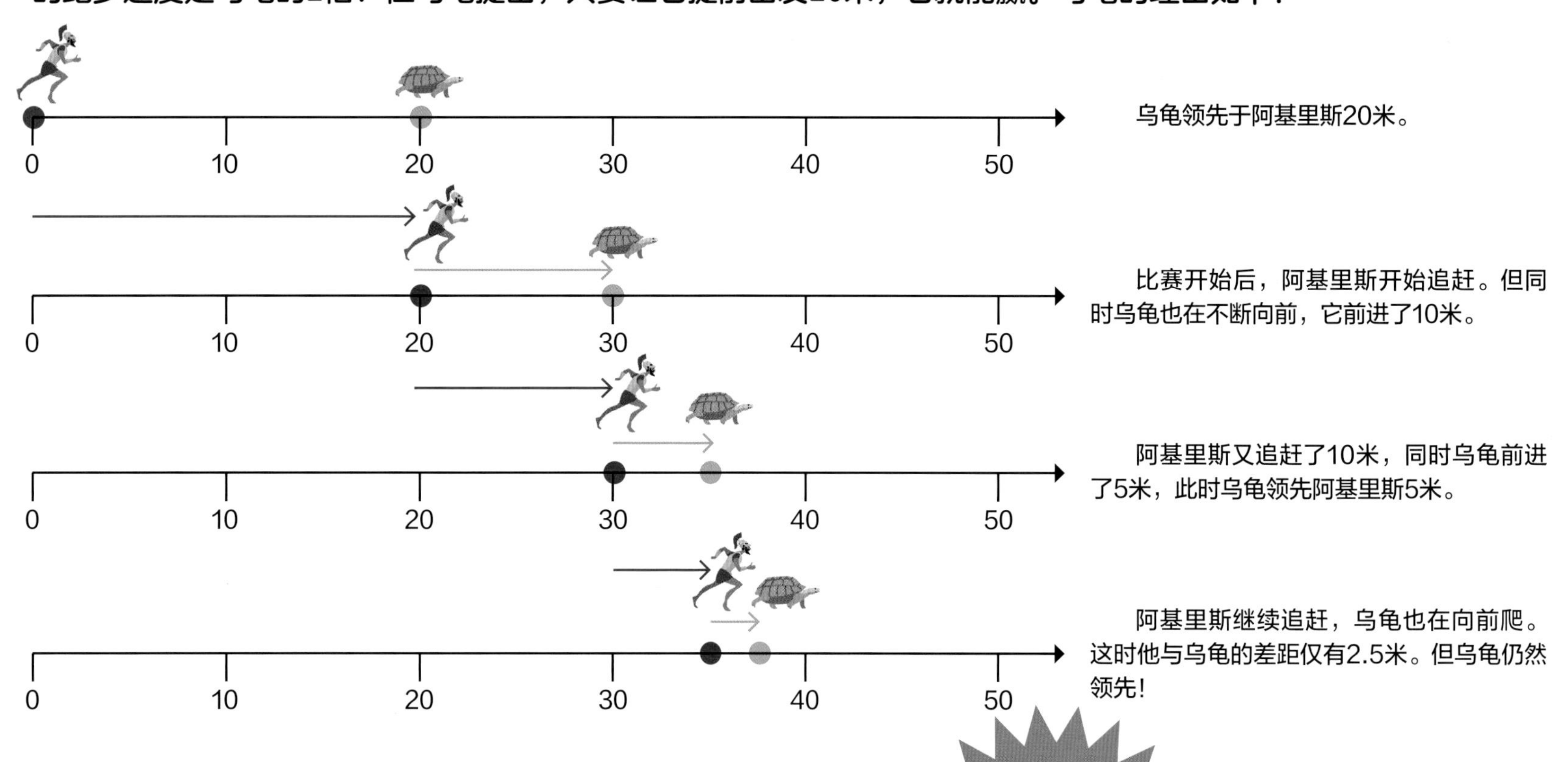

因此，根据这个观点，尽管阿基里斯的速度是乌龟的2倍，但他永远无法追上乌龟。每当他到达乌龟之前所在的位置时，乌龟已经向前爬行了一小段距离。

这听上去不合理啊，是吗？

让我们看看应该怎么解释！

这个著名的谜题被称作“阿基里斯追龟悖论”，是古希腊哲学家芝诺提出的。尽管乌龟的观点看上去很有说服力，但它的论述不符合实际情况。在阿基里斯追赶乌龟的过程中，二者的差距会不断缩小，追平差距所需要的时间也越来越短。微积分告诉我们，最终阿基里斯能不费吹灰之力，超过乌龟。

有一种方法可以证明阿基里斯是如何赢得比赛的——比较两位选手到达终点所需时间。阿基里斯的速度是乌龟的2倍，当阿基里斯跑到100米的时候，乌龟只跑了50米。这意味着在阿基里斯冲过终点线时，乌龟距离终点还有30米。

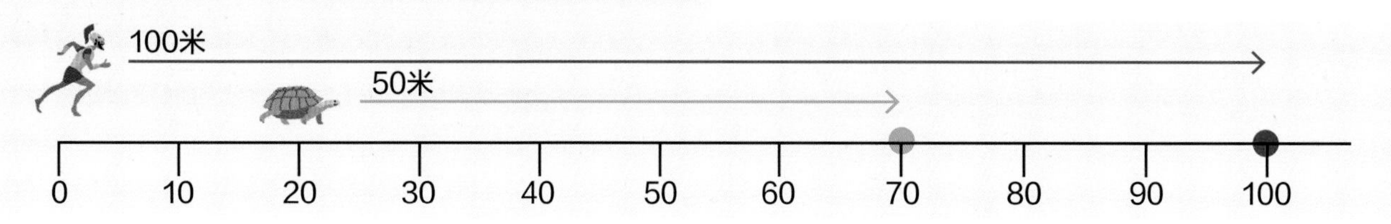

“消失之谜”

“消失之谜”是通过重新排列色块的位置，使一部分色块看起来好像消失了一样。

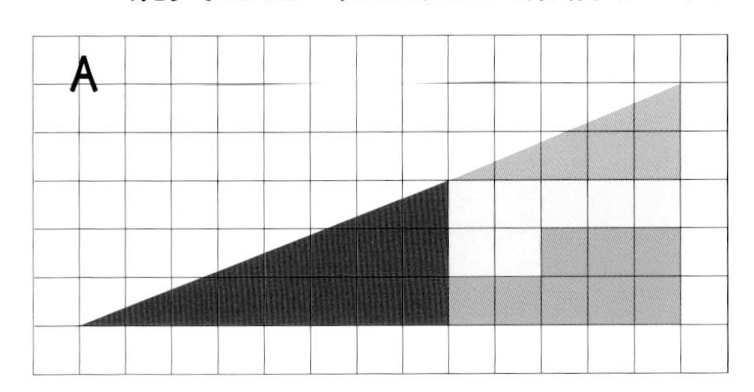

图中4块拼图组合成了一个高度为5小格，宽度为13小格的三角形。

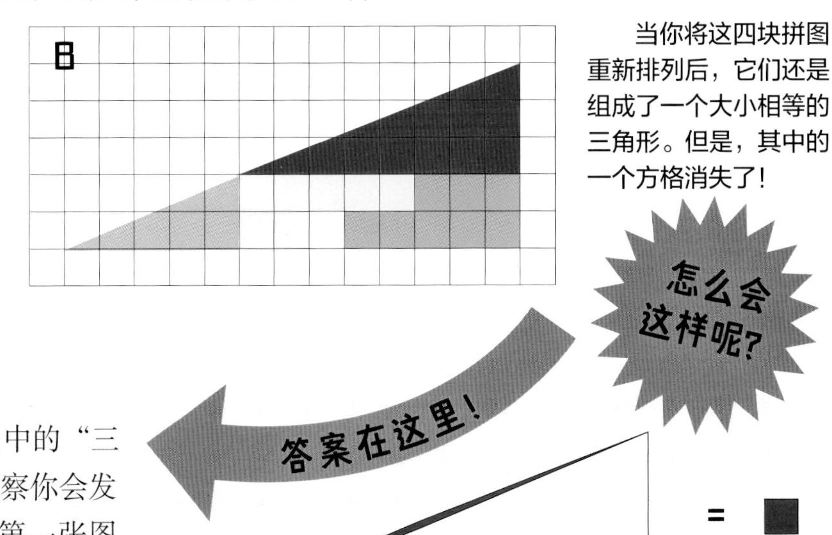

当你将这四块拼图重新排列后，它们还是组成了一个大小相等的三角形。但是，其中的一个方格消失了！

你可以用数学原理来解释这个现象。实际上，两张图中的“三角形”并不是完全相同的，它们只是看起来相似。仔细观察你会发现，这两个三角形中最长的那条斜边根本不是直线。在第一张图中，直角三角形的斜边微微向里弯曲。在第二张图中，这条斜边又向外凸起。

两个三角形看上去非常相似，但其中的小差别足以在视觉上形成那个消失了的方格。

男孩还是女孩呢?

让我们看看图中的这一家人，他们有两个孩子！已知至少有一个是男孩。

直觉告诉我们，概率应该是二分之一。但实际上，右边是男孩的概率只有三分之一。

这听上去不合理啊，是吗?因为这是一个悖论！

让我们看看答案！

这个问题被称作“是男孩还是女孩的悖论”，可以用概率学来解释。

通常有两个孩子的家庭会以下列4种不同的方式来组合：

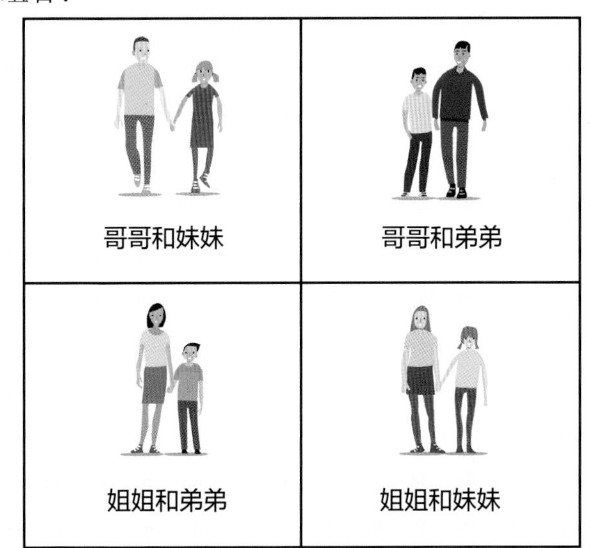

现在，我们已经知道这个家庭有一个男孩，所以排除“姐姐和妹妹”的可能性。于是，还剩下3种组合：“哥哥和弟弟”“哥哥和妹妹”和“姐姐和弟弟”。这3种组合中有2种包括一个女孩。因此，那位性别待定的小朋友是女孩的概率高达三分之二，是男孩的概率只有三分之一。

什么是概率？

在概率的世界里，我们研究的其实是可能性。我们感觉很多事情都可能发生，但实际上发生的可能性并不高。

抛硬币

向上抛一次硬币，出现正面和反面的可能性是相同的。但是，如果向上抛10次硬币呢？

让我们来看看这三组硬币分别被抛掷10次后的预测结果。哪一组结果才最接近真实？

正面 反面 正面 反面 正面 反面 正面 反面 正面 反面

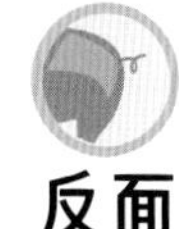

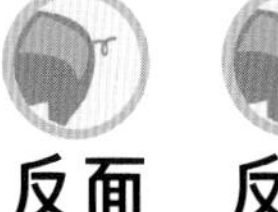

反面 正面 正面 反面 反面 反面 反面 反面 反面 正面

第二组才是实验真正的结果，这一组硬币的抛掷结果与其他两组不同，出现正面和反面的次数也不是均为5。

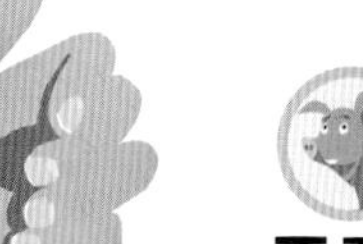

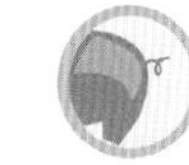

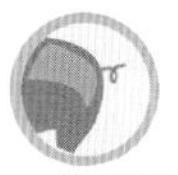

正面 正面 正面 正面 正面 反面 反面 反面 反面 反面

我们通常会认为，向上抛10次硬币，得到5次正面和5次反面的可能性最大。实际上，结果并非如此。硬币正反面刚好各5次的概率只有25%。

幸运数字“7”

“7”是公认的幸运数字。当你用 2 个骰子玩游戏时，“7”是最有可能被掷出的点数。

有6组骰子最后掷出的结果都是7个点。

1和6

6和1

2和5

5和2

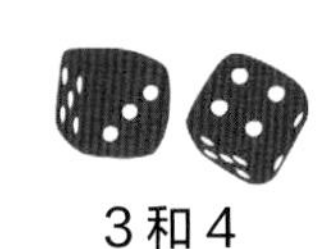
3和4

4和3

只有一组骰子的结果是12点。

6和6

当你掷出2个骰子时，可能会产生36种结果。其中，有6种是7个点。这就意味着掷出7个点的概率是六分之一。

公平骰子

为了公平起见，要确保骰子上每个数字被掷出的概率都一样。这也就意味着骰子每一面的形状和大小必须相同，并且呈对称排列。迄今为止，最大的骰子共有120个面。这是一种叫作“四角化菱形三十面体”的形状。

什么是概率？

你被闪电击中的概率是多少？能活到100岁的概率有多大？让我们来看看哪些事情是可能发生的，哪些事情是不可能发生的！

人在一生中**被陨石击中**的概率是二十万亿分之一。

彩票头奖

一般来说，获得彩票头奖的概率为万亿分之一。例如，2018年赢得10亿美元（约合人民币64亿元）“超级大奖”的概率是八十八万亿分之一！

一年内**被闪电击中**的概率是七十万分之一。

选择一扇门

现在，你正在参加一档游戏节目！

你的面前有三扇门，有一扇门的后面是一辆崭新的自行车，另外两扇门的后面是独轮手推车。你选择了1号门。

这时，游戏的节目主持人打开了剩下两扇门中的一扇，门后是一辆独轮手推车。接着，他提供一次重新选择的机会。如果让你选，是继续选1号，还是换成另一扇门呢？

这是一个著名的概率问题，叫作“蒙提·霍尔问题”。通常来说，一般人的想法是：“没关系，不管我是继续选择1号门，还是换成另一扇门，都有50%的机会赢得自行车。”很多人都是这么想的，包括一些数学家！实际上，选择换成另一扇门对你更有利。因为更换选择之后，你有三分之二的机会赢得这辆自行车。这是为什么呢？

下表中显示了2辆独轮车和1辆自行车隐藏在门后的三种不同组合方案。其中，有2套方案显示：如果你改变了选择，就可以赢得自行车。

有人解决了“蒙提·霍尔问题”！

美国杂志专栏作家玛丽莲·沃斯·莎凡特在1990年解决了“蒙提·霍尔问题”。许多数学家都给这位专栏作家写信说她计算错了。但是玛丽莲·沃斯·莎凡特坚持自己的答案，事实证明她是对的！

	1号门后（你的第一次选择）	2号门后	3号门后	主持人的选择	如果你继续选择1号门	如果你改变选择
方案1				2号门	赢得独轮手推车	更换成3号门——赢得自行车
方案2				3号门	赢得独轮手推车	更换成2号门——赢得自行车
方案3				2号或者3号门	赢得自行车	更换成2号或3号门——赢得独轮手推车

寻找四叶草

每1万株三叶草中就有1株长着4片叶子，人们称其为幸运草。

活到100岁

如果你是一个刚出生在英国或者美国的婴儿，大约只有五分之一的概率可以活到100岁。

一年总会吃掉一只昆虫

据估计，平均每人每年会吃掉食物中几盎司（1盎司≈28.35克）的昆虫。所以，从理论上来说不管你是否愿意，你在一年里必然会吃掉一只昆虫。

什么轮子不是圆的却能滚动？什么球在不用割开的情况下可以从内向外翻出来？在数学的世界里，我们大脑的潜能会被不断激发出来！

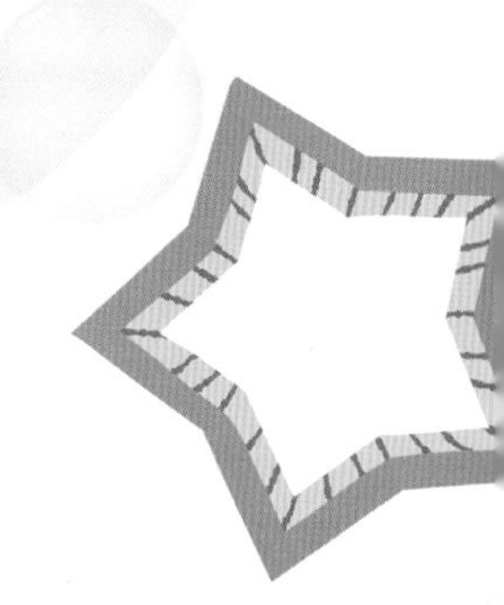

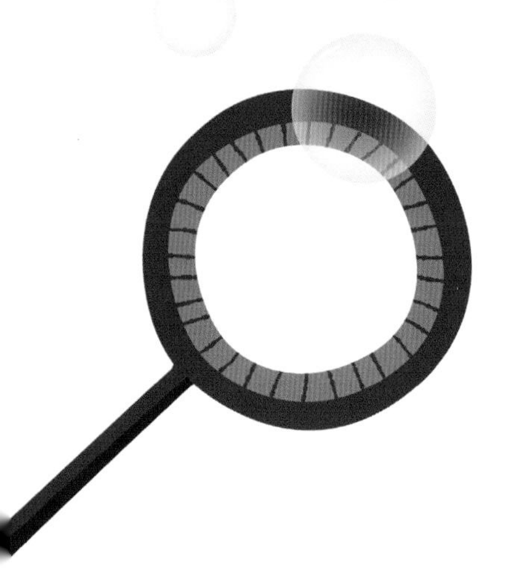

为什么泡泡是圆的?

即便用三角形或者正方形的泡泡棒吹泡泡，吹出来的泡泡还是圆的，这是为什么呢?

肥皂泡泡外部有一层肥皂薄膜，这层膜使泡泡能够容纳足够多的空气而不会爆裂。此外，肥皂泡泡是一个球体，能承载较大体积的空气。而在等量的肥皂薄膜包裹下的任何其他形状，只能承载较少体积的空气。

重叠的圆圈

维恩图是一种通过排列圆圈来展示不同事物集合之间的相交关系的图表。

例如,“颜色是红色的食物”和“水果”之间的关系如维恩图中两个重叠的圆圈所示:

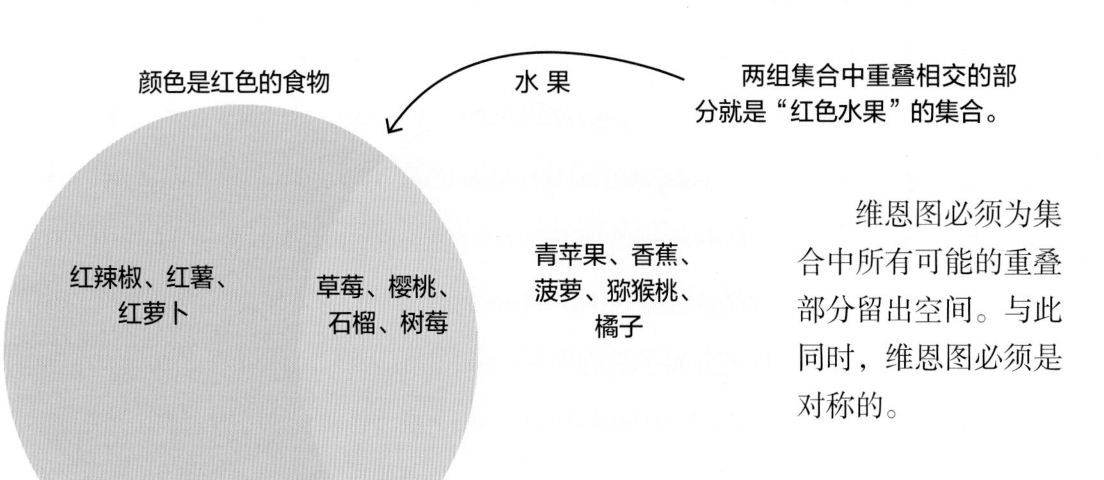

维恩图必须为集合中所有可能的重叠部分留出空间。与此同时，维恩图必须是对称的。

大家可能画过2 ~ 3个圆圈组成的维恩图。但是你们画过4个圆圈组成的维恩图吗？可能没有，因为我们无法画出这样的维恩图。例如，下图中缺少红色B部分和蓝色D部分的重叠展示，也没有黄色A部分和绿色C部分的重叠展示。

B
AB ABC BC
A ABD ABCD BCD C
AD ACD CD
D

滚动一圈

一个真实又奇怪的现象：不是只有圆形的物体才能滚动！

鲁洛克斯三角形是三个圆形相交后，中间重叠的部分。它有三个角和三条边，就像一个真正的三角形。但是，它和圆形一样，可以滚动！

那我们为什么不用鲁洛克斯三角形代替圆形来制作轮子呢？

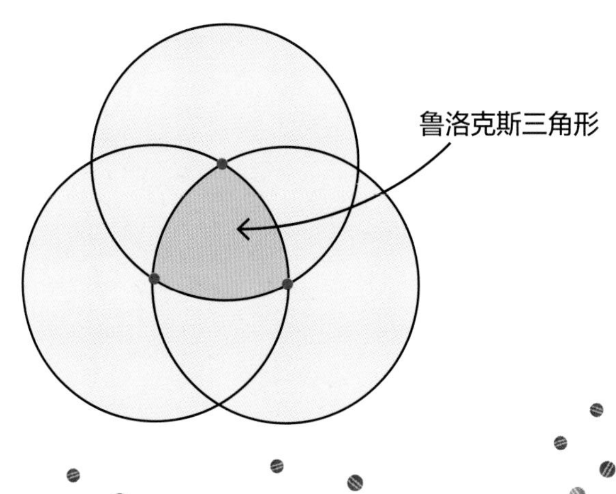

当圆圈滚动时，它围绕一个固定的中心点来转动，这个旋转中心保持在同一高度。

但是，当鲁洛克斯三角形滚动时，它的旋转中心不能保持在同一高度。这意味着鲁洛克斯三角形在滚动时会非常颠簸！

当然，如果大家不在意维恩图是否完全对称的话，可以用四个椭圆来画一个类似的维恩图，让我们一起来看看吧！

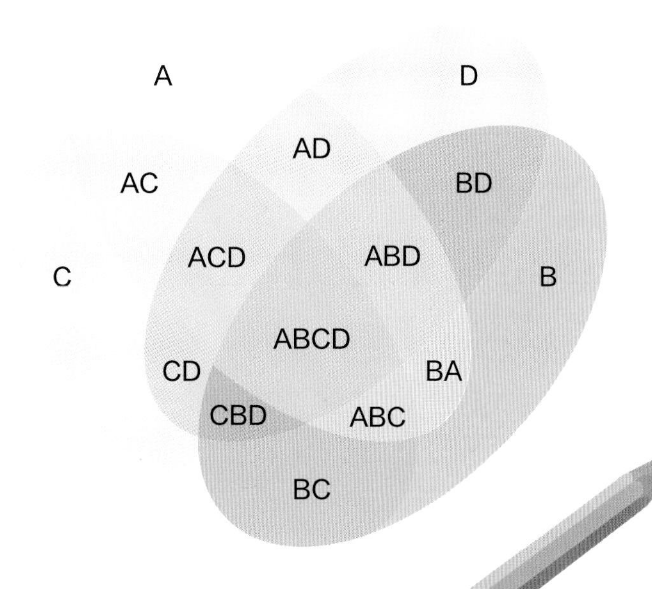

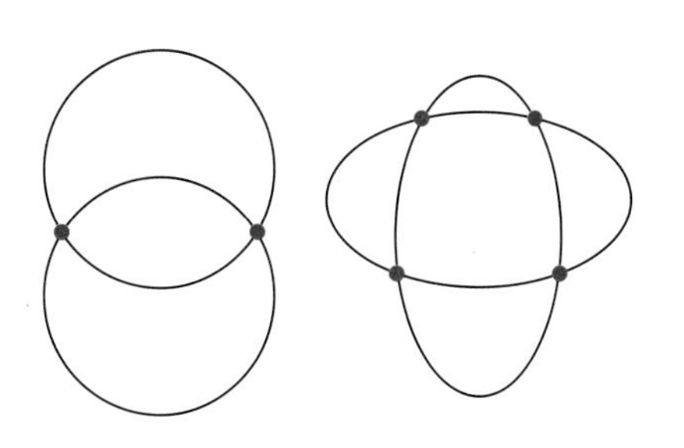

原理很简单。如果你画的是2个椭圆，可以通过定位让它们有4个交点。但如果是2个正圆的话，它们不可能有2个以上的交点。小朋友们，拿起笔来试试吧！

球面外翻

从数学理论上来说，我们无须通过切割、撕裂或者戳洞等方式，便可以将各种球体从内向外翻。但是给你一个真正的球，你几乎不可能做到这件事。那么，让我们充分发挥一下数学的想象力吧！这个叫作“球面外翻”的过程很难实际看见，所以尝试来展示这一过程，就已经是数学学科上的重大进步了。

未解之谜

数学领域中存在很多未解之谜。你能帮助数学家们解决困扰了他们多年的难题吗？

箭头总是转回到“1”吗？

选择一个正整数（不是小数、分数或者负数）。如果这个数是偶数的话，那么就除以2，如果这个数是奇数的话，则将它乘以3再加1。像这样不断重复，最后会得到什么结果呢？

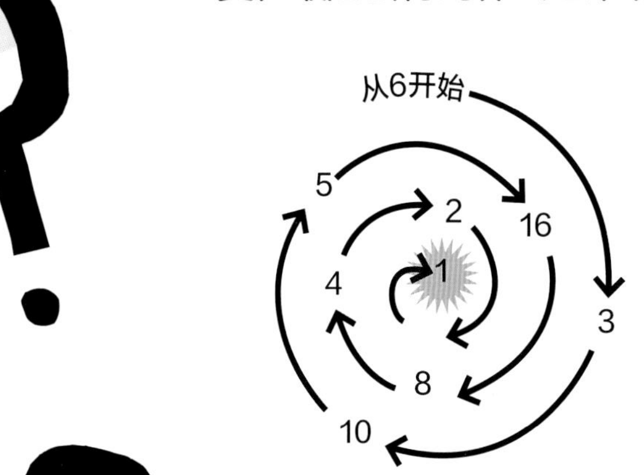

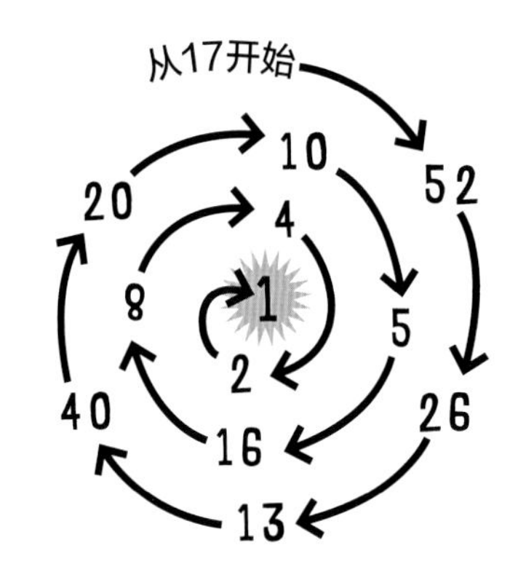

数学家认为，无论是从3开始，或是189，又或是34685932110，最终计算的结果都会是1。但是他们对此也不能完全肯定。

这个未解之谜已经有80多年的历史了，被称为“科拉茨猜想”。尽管数学家们尝试了很多数字（实际上，所有的数都小于300乘以1000的5次方），虽然得到的结果都是1，但也没有办法试验所有的数。你对此有什么想法？

质数问题

每一个大于2的偶数都等于两个质数相加的和，对吗？

这个未解之谜被称为“哥德巴赫猜想”。小朋友，你可以尝试从小一点的数字开始算。

8=3+5

42=5+37或11+31或13+29或19+23

当数字变得越来越大，验证也就越来越难。可能你永远都没办法给出一个肯定的答案。“哥德巴赫猜想”大约已经有300年的历史了，是最古老的数学未解谜题之一。

价值百万美元的难题

在2000年的时候，克雷数学研究所列出了在接下来1000年里需要解决的经典的七大数学难题。这些问题被称为“千禧年大奖难题”，解答出其中任何一题的人都将获得100万美元（约合人民币640万元）的奖金。

其中一个问题叫作“庞加莱猜想”，由俄罗斯数学家格里戈里·佩雷尔曼破解——但是他花费了四年的时间才让其他数学家相信了他的论证。信不信由你，佩雷尔曼最终拒绝了100万美元（约合人民币640万元）的奖励。

解决了一个难题，仍有6个难题等待解答……

在什么情况下纽结不是一个纽结？

“纽结理论”是数学学科的一项研究，大家都来猜猜看！

“纽结理论”认为真正的纽结是一个连续的、缠绕在一起的纽结，如果不剪断这个纽结，它就无法被解开。“平凡纽结”简单来说是一圈不需要剪断就可以解开的绳子。纽结理论家们拿着一团缠绕在一起的绳子到处问：“这是一个真正的纽结，还是一个‘平凡纽结’？”

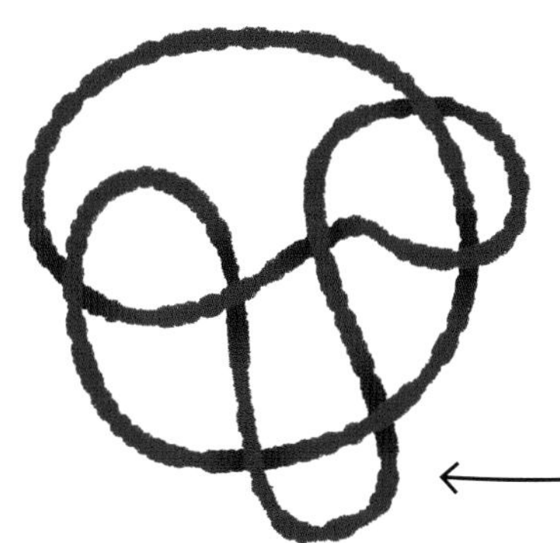

小朋友，你能看出这张图是一个“平凡纽结”还是一个真正的纽结吗？它看上去像一团乱麻，但它确实是一个真正的纽结。如果不把绳子割断，无论你怎么做，都解不开这个绳结。

直到今天，纽结理论家们得出了一种新的算法（也就是一系列步骤）。他们可以根据这个算法判断出一团乱糟糟的纽结是真正的纽结还是“平凡纽结”。但是随着纽结缠绕的方式越来越复杂，这个算法所花费的时间就越来越长。纽结理论家们希望找到一种在短时间内计算出结果的方法，但到目前为止，他们还在苦苦寻觅，因此这也是一个有待解决的问题。

各种各样的游戏

是什么让游戏变得趣味横生？当然是数学！从设计到体验过程再到最后的成就感——数学让游戏充满了乐趣。

破解方法是什么？

小朋友，你已经知道很多数学难题都是有解决方法的，那么游戏呢？对，一些游戏也可以通过数学知识进行破解。

如果数学家能预测游戏中会发生什么，同时保证玩家不出现失误，那么游戏就可以被破解。从理论上讲，大部分有明确规则和结果的游戏，只要排除了运气的成分，都是能通过数学理论破解的。

已经被破解的游戏：

井字棋

四子连珠

国际跳棋

目前未被破解但将来可能被破解的游戏：

国际象棋

围棋

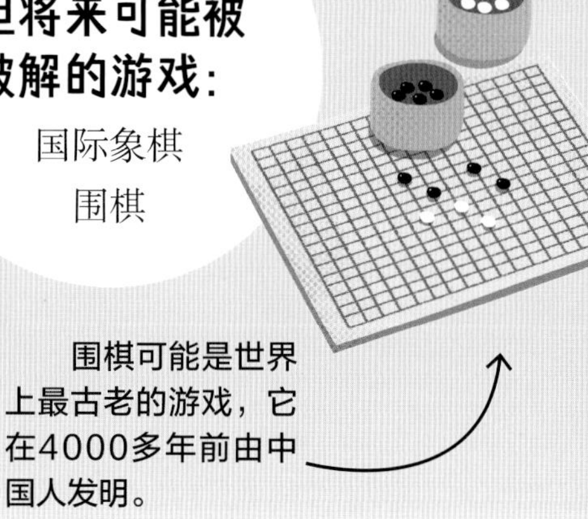

围棋可能是世界上最古老的游戏，它在4000多年前由中国人发明。

井字棋

关于井字棋这项游戏，只需要遵循以下规则，就不会在游戏中输掉。

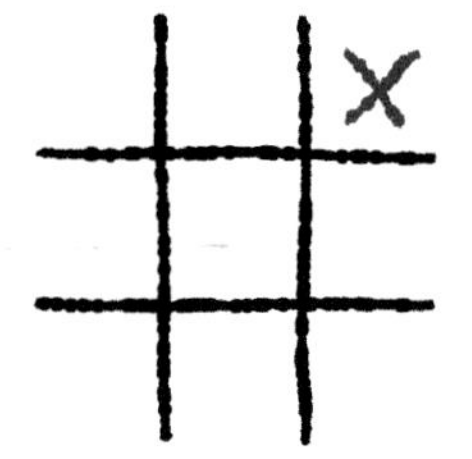

如果你先落子，那么在角位（角落的位置）落下第一子（如“×"所示）。

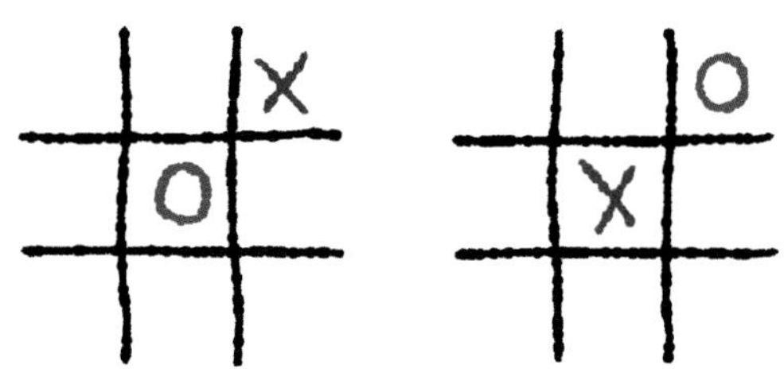

如果对手先在角位落子（如“×”所示），那么你要将第二子落在中间位置（如“○”所示）。如果对手先在中间位置落子（如“×”所示），那么你要将第二子落在角位（如“○”所示）。

想要确保在游戏中获胜吗？你可能无法速战速决。数学证明，如果两个人在井字棋游戏中都没有失误，游戏将会以平局结束。

国际跳棋

和井字棋一样，如果双方在下棋过程中没有任何失误，国际跳棋会以平局结束。但是，不要试图寻找每一步的最佳走法。因为这种完美的下棋策略太复杂，没有人能够在实操中真正使用。经过19年的努力，2007年，“奇努克”电脑程序破解了国际跳棋每一步的最佳方案，成为国际跳棋领域常胜不输的角色。

博弈理论家

研究博弈的数学家被称为博弈理论家。他们破解了很多类似于井字棋这样有趣的游戏。对于博弈理论家来说，经济竞争、流行病、战争和井字棋一样，都是一种游戏。为了赢得“游戏”，博弈理论家会利用数学原理来制定计划和战略。

成为一名博弈理论家

你想像博弈理论家那样破解一款游戏吗？让我们一起来尝试破解“尼姆游戏”这个古老的数学策略游戏吧！据说，这款游戏可能发明于中国。

“尼姆游戏”是一个双人游戏。我们先在地上放两堆道具，每一堆道具的数量没有限制。两个人轮流从道具堆中拿走道具，每次想拿多少就拿多少，但是只能从同一堆中拿（一开始选定哪堆道具，就只能一直从那一堆里拿）。你可以一次拿走一个或者多个道具，甚至一次性全部拿走。如果谁拿走了地上最后一个道具，谁就是赢家。用来玩游戏的道具就叫作“尼姆堆”。

小朋友们，让我们试着玩一玩下面的“尼姆游戏”。

你能够破解“尼姆游戏”吗？

让我们一起找出以下四组“尼姆游戏”的策略吧。然后想一想，一种策略能否适用于所有的“尼姆游戏”呢？游戏的关键是否在于哪个玩家先行动呢？

如果根据尼姆堆中的道具数量以及玩家拿道具的顺序,就可以预测出赢家（前提是两个玩家都擅长该游戏，并且不会出现失误），那么你至少能够破解2个尼姆堆了。

小朋友，你可以在书的附录中寻找答案哟！

每个尼姆堆分别放置 3个和6个道具

每个尼姆堆分别放置 9个和10个道具

每个尼姆堆分别放置 1个和11个道具

每个尼姆堆各有 8个道具

有多少种不同的棋局？

数学家们衡量一款棋类游戏的复杂程度取决于这款游戏有多少种棋局。

10^{2}

（100）

井字棋可能有10^{2}种棋局。

10^{20}

（100000000000000000000）

国际跳棋可能有10^{20}种棋局。

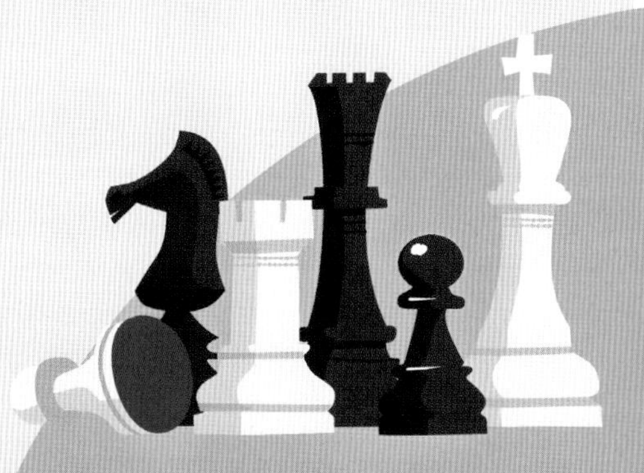

10^{123}

国际象棋可能有10^{123}（“1”的后面跟了123个“0”）种棋局。

国际象棋是一种复杂的游戏，博弈理论家认为他们可能永远也破解不了国际象棋的所有棋局。

数学密探

你有一个秘密消息要传递——你会怎么做呢？是时候让数学大显身手了！数学是间谍最好的秘密武器。

什么是密码?

“密码”是用特定法则编成，用于秘密交换信息的符号。

每个密码都有一把“密钥”。在发送加密消息后，接受者可以通过“密钥”将消息解密。很多著名的密码都依赖于数学规则。要知道，数学可以被用来加密消息，也可以用来解密消息。

不可思议的谜题

世界上最著名的解密案例之一发生在第二次世界大战期间，当时同盟国成功破解了德国恩尼格玛密码机发送的密码信息。那时，波兰数学家使用“排列”的方法破解了密码。“排列”是一种计算集合内所有元素（在下面的例子中是26个字母）有多少种组合方式的数学原理。

恺撒密码

恺撒密码的原理是将字母表中的字母按一定方式进行移动。

例如，将字母按顺序向后移动3位并替换。“a”变成“D”，“b”变成“E”，“c”变成“F”，像这样依次类推。

明文（原始字母）

a	b	c	d	e	f	g	h	i	j	k	l	m	n	o	p	q	r	s	t	u	v	w	x	y	z
D	E	F	G	H	I	J	K	L	M	N	O	P	Q	R	S	T	U	V	W	X	Y	Z	A	B	C

密文（移动3位）

将字母移动任意位数，前提是信息发送方和接收方事先对移动的规律达成一致认知。

恺撒密码的弱点在于一旦你破译了其中一个字母，你就掌握了开启整个密码的“密钥”。

破译“恺撒密码”需要掌握一种叫作“频率分析”的数学方法。要知道，某些字母的出现频率高于其他字母。在英语中，最常用的字母是“E”。针对“恺撒密码”加密后的英文消息，解码者首先需要找到出现频率最高的字母，并假设这个字母的原始字母是“E”，然后再找出字母的移动规律，就能将信息进行解密。

你能通过“频率分析”方法破解下图中的恺撒密码吗?

首先找到出现频率最高的字母——从解密信息来看，这个字母可能是“E”。现在，请你计算出字母“E”到底移动了几位，并且用这个移动的位数解密出剩下的信息。

gpgoa jcu dtqmgp ugetgv eqfg

小提示

一旦你发现了这组密码的规律，就将解密后的字母写在对应字母的下面。

小朋友，你可以在书的附录中寻找答案哟！

最接近完美的密码

如果你想创建一组不可能被破译的密码，试试“一次性密码本”。以下是该密码的工作原理。

乔想把“HELLO”（你好）这个消息发给艾尔。

1. 乔和艾尔事先得到一组相同的随机字母：Y，H，A，R，Z。这组字母就是密钥。

2. 乔列出了要发送的信息“HELLO”中的每个字母，以及密钥中的每个字母。然后，他根据字母表开始排序。比如，字母A对应数字0，后面以此类推。

A	B	C	D	E	F	G	H	I	J	K	L	M	N	O	P	Q	R	S	T	U	V	W	X	Y	Z
0	1	2	3	4	5	6	7	8	9	10	11	12	13	14	15	16	17	18	19	20	21	22	23	24	25

因此，这条信息“HELLO”对应数字为7，4，11，11，14，密钥对应数字为24，7，0，17，25。

3. 然后，乔将原始字母和密钥对应的数字，按次序分别相加得到一组新数字。

4. 如果得到的数字大于25，就用这个数字减去25，然后将得到的新数字重新与字母表进行对应。于是，乔得到一组新的数字：6，11，11，3，14，与此对应的一串字母为“GLLDO”。乔把它发送给艾尔。

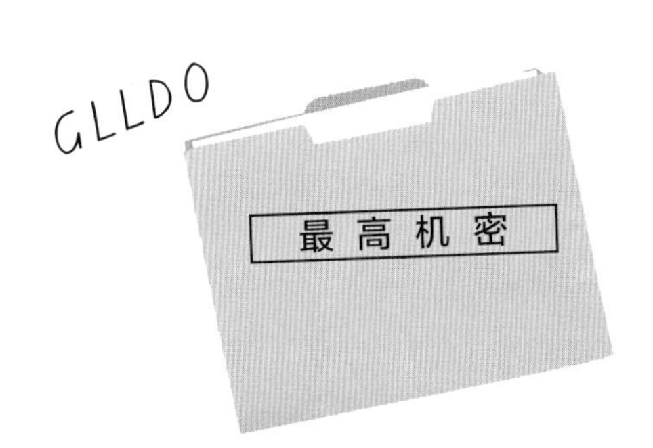

不是那么完美的代码

如果你想创建一个很难被破译的代码，试着使用质数来创建密码。这些特殊的数字能更好地保护私人信息在互联网上的安全（见第55页）。不过质数也没有那么完美，强大的计算机程序还是能破解质数密码的。

现在，艾尔将乔的工作反着操作一遍。

5. 艾尔将收到的这串字母“GLLDO”转译为数字6，11，11，3，14。

6. 然后分别依序减去密钥对应的数字（即之前记录的24，7，0，17，25）。如果得到的数字中有负数，就把它加25，形成一个新数字。

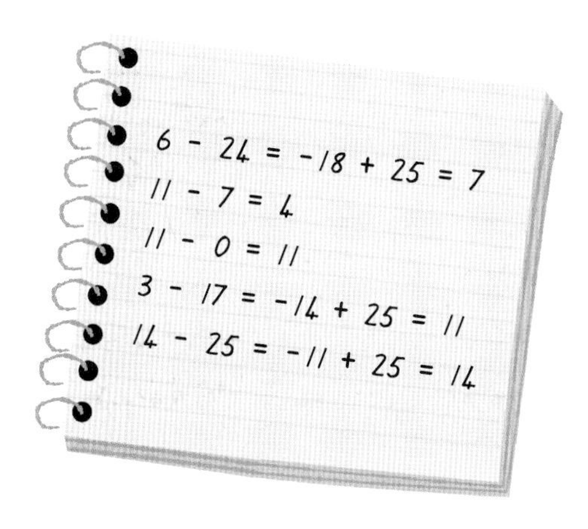

7. 最后，艾尔得到一组新数字：7，4，11，11，14。这组数字所对应的字母分别为H，E，L，L，O，就是单词“HELLO”，即“你好”。

如果密钥完全随机，只能使用一次，而且全程保密，那么这个代码在数学上就是不可破解的。

糟糕！算错了

你是否曾经把小数点写错位置？或者应该用厘米作单位的时候用了英寸？如果是，那你绝不是唯一这么干的人——数学家也会犯这种错误！不幸的是，人们为有些错误付出了昂贵的代价。

单位换算错误！

总是在国际单位和英美制单位之间换算，实在容易让人混淆。人们一再地在单位换算中出现失误，又或者是使用了错误的度量单位，这些失误导致了一些非常不幸的后果。

再见了，火星气候探测器

美国国家航空和航天局和洛克希德·马丁公司耗资1.25亿美元（约合人民币8亿元）建造了火星气候探测器，用来研究火星上的气候。1998年，探测器发射升空后，经过了10个月的飞行，成功抵达了火星。但在到达的瞬间就起火烧毁了。为什么？因为单位换算出错了！美国国家航空航天局使用的是国际单位——厘米和克，而洛克希德·马丁公司使用的是英美制单位——英寸和磅。

“瓦萨”号战舰的沉没

1628年8月，一艘名为“瓦萨”号的豪华战舰从瑞典启航，结果在20分钟后沉没了。为什么？因为建造者使用了两种不同的测量单位：一种是瑞典尺，1尺等于12英寸（约30厘米）；另一种是阿姆斯特丹尺，1尺等于11英寸（约28厘米）！完工后，船的一侧比另一侧重。一阵风吹过，全船倾覆。

加拿大航空143号航班事故

1983年7月，从渥太华飞往埃德蒙顿的加拿大航空143号航班忽然紧急迫降。因为这架飞机竟然在飞行途中燃油耗尽了。究竟发生了什么？又是单位换算出错引发的！渥太华的地勤人员在给飞机补充燃料的时候，用的是英美制单位——磅。但飞机上计算燃料的人使用的是国际单位——千克。1千克约等于2.2磅，所以飞机上的燃料仅为飞完全程所需燃料的一半！幸运的是，飞行员成功将飞机迫降在了跑道上。

让我们在中间会合……或许这行不通?

德国和瑞士决定，在位于两国交界处的劳芬堡修建一座横跨莱茵河的大桥。双方约定：从各自一边开始施工，最终在中间会合。但是2003年，在大桥即将完工时，他们发现了一个大问题：桥的一侧比另一侧要高54厘米。

这个错误的根源在于两个国家在测量海平面时，使用了不同的测量方式。德国以北海为参照，而瑞士则以地中海为参照。因为各地的海平面都不一样，导致两种测量结果相差27厘米。桥梁建造师们是知道这个差异的，但在设计桥梁高度的数学计算中，他们不仅没有消除这个差异，反而将相差值增加了一倍！这真是太糟糕了！

错 误

你在计算器上用某个数除以0，结果会是多少？得到的答案是“ERROR”（错误）。1997年，在美国航空母舰“约克城”号上，一位船员在船上的电脑数据系统里输入了一个“0”，导致电脑尝试运行除以0的计算命令。但是，正如计算器结果显示，除以0是一种不可行的计算方式！这给战舰上的计算机造成了过大的负担，导致系统崩溃。最终这艘战舰不得不被拖回港口进行维修。

价值1700万美元的小数点

为西班牙海军装备四艘豪华潜水艇，需要耗资数十亿英镑。然而有人在与此相关的计算中漏掉了一个小数点，导致设计人员在2013年发现这些即将完工的潜水艇比预期重了65吨。如果这些潜水艇出航的话，它们将永远无法浮出水面。于是，设计人员只好改变潜艇的设计方案，这使成本又增加了1700万美元（约合人民币10880万元）。

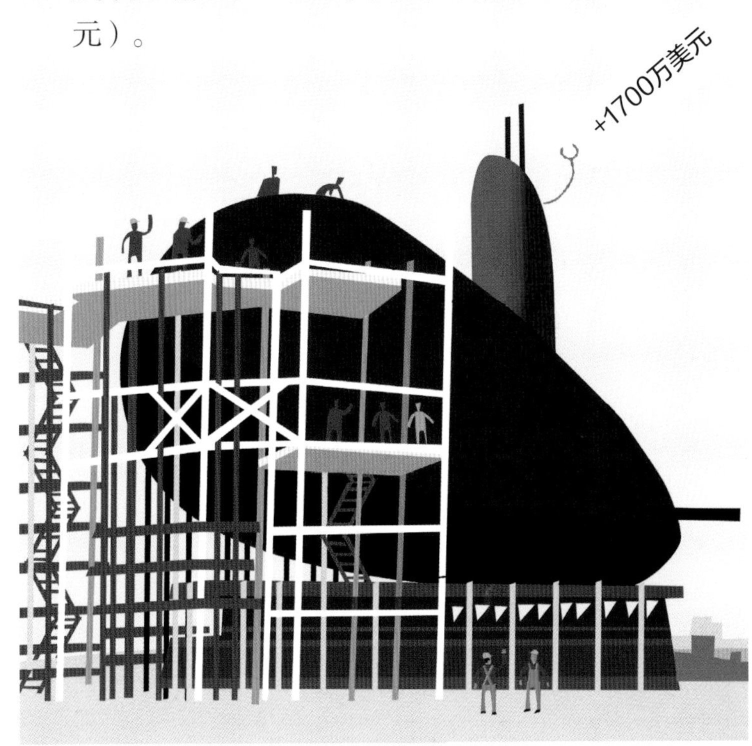

如何成为一名数学天才

任何人都可以通过不断练习成为数学天才。通过下面这些简单的技巧，我们能不断提升自己的数学技能。但是小朋友要记住：一个数学家并不只懂得运用技巧，他们也知道这些技巧背后的数学原理。

几何天才

在没有尺子的情况下，如何用一张长方形的纸裁剪出完美的正方形？试试这种神奇的折叠技巧。

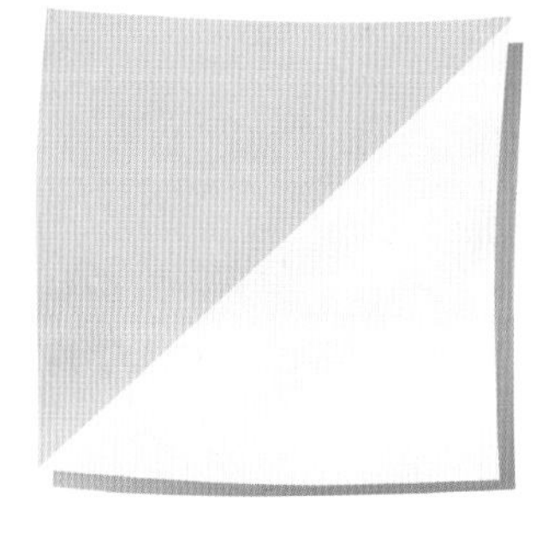

1

将纸的短边从左上角折叠到右边的长边。确保边缘完全对齐，然后折起来。

2

沿折叠所形成的新短边裁掉下方长方形的部分。

3

展开这张纸。看！在没有尺子的情况下，剪出了一个完美的正方形！

为什么这个方法这么好用?

正方形的四条边一样长，长方形相对的两条边一样长。当你把纸的短边折向长边，并与长边对齐时，这短边像尺子一样，沿着长边重新量出短边。当你剪裁掉底下的长方形时，实际上是把长方形的长边切割成和短边相同的长度。这样一来，就得到了一个正方形!

当代数学天才

对普通人而言，只要用心，就能运用数学解决问题。但每隔一段时间，就会有一些数学天赋超强的人脱颖而出。让我们一起来看看这些数学天才吧!

杰森·帕吉特

他原本只是个卖家具的普通人。在一次意外中，他的头部遭到袭击而受损，大脑的运转方式发生了巨变。之后，他不断地思考数学问题，甚至可以徒手画出极其复杂的分形几何图案（某种以越来越小的比例无限重复的图形）。

夏琨塔拉·戴维

她是一位印度女性数学家，擅长心算。她能在28秒内计算出两个任意13位数的乘积，打破了吉尼斯世界纪录。

乘法妙算

你想运用高超的数学技巧来做乘法和除法运算吗？让我们来找到其中的诀窍！如果使用下面这个规律，你会发现11是最容易做乘法的数之一。

11乘一个一位数：结果就是简单地重复这个数字。

11×1=11
11×2=22
11×3=33
……

11乘一个两位数：

1. 将这个两位数拆分。拆分后的数字分别是答案的百位数字和个位数字。

举例：11×24=2___4。

2. 把这个两位数的个位数和十位数相加，就可以得到答案的十位数字。

举例：2+4=6。因此11×24=264。

如果这个两位数的两个数字相加后，超过了一位数，无法写到十位上，我们该怎么办呢？

举例：11×39=3___9。但是3+9=12，于是，把2当成十位数字，然后将1进位到3（百位）。

11×39=429！

这个小窍门是如何实现的呢？

这个小窍门之所以能够快速计算出结果，是因为任何数字乘11的得数等于它分别乘10和1之后相加的和。例如：

11×24等同于10×24+1×24=264

许多乘法高手使用类似的技巧，在脑海中快速地进行其他乘法运算。比如，乘73这个数字，听上去似乎很难一下得出结果。但你可以尝试先乘70，再乘3，最后将这两个结果相加。是不是容易了很多？

11×10=110
11×11=121
11×12=132
11×13=143
……

凯瑟琳·约翰逊、多萝西·沃恩、玛丽·杰克逊

从二十世纪五六十年代开始，她们就在美国国家航空和航天局工作，为太空计划处理各种复杂的数学计算。因为这些女性是黑人，所以她们被迫在隔离的办公室工作，并且从来没有得到相应的重视。

芒努斯·卡尔森

他可能是有史以来最棒的棋手！他在23岁时成为国际象棋世界冠军。如果想成为国际象棋高手，我们需要运用到逻辑、算术和几何，而这些都属于数学领域。

更多的谜题

小朋友，算一算下面这些数学谜题，然后再对照一下书后附录中的答案吧。做完之前不许偷看哟！

试试右边这道覆面算！

我们可以把数字加在一起，但是能将字母相加吗？覆面算就能！

“覆面算”是指用英文字母取代0～9中的数字，要求玩者找到这些字母代表的数字的趣题形式。其中，字母M或者C不能代表0。你能用哪些字母替换数字进行加法运算呢？

```
  MATH
+ MATH
------
 CRAZY
```

提示：

这个谜题有多种不同的解法。如果你能发现其中一种解法，那么你就能举一反三。

巧妙的邦加德问题

“邦加德问题”与认知模型有关，这个模型可以是形状、大小、位置……或者任何你能想到的其他东西！

看看下图所示的“邦加德问题”。

比较一下左边的6幅图和右边的6幅图。

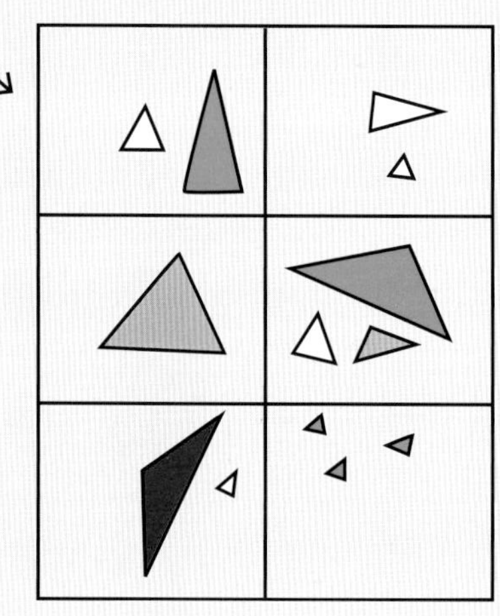

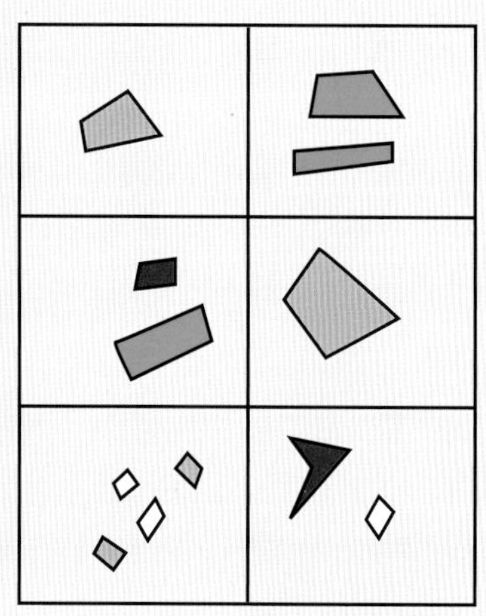

你能发现左图和右图的差异吗？

答案是：左边每幅图的图形都有3条边；而右边所有图形都有4条边。

现在轮到你来解决“邦加德问题”了！你能找出下面两组谜题中左图和右图有什么区别吗？

谜题1

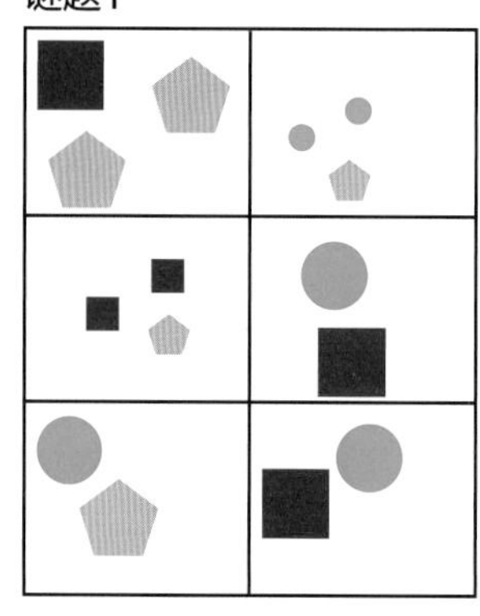

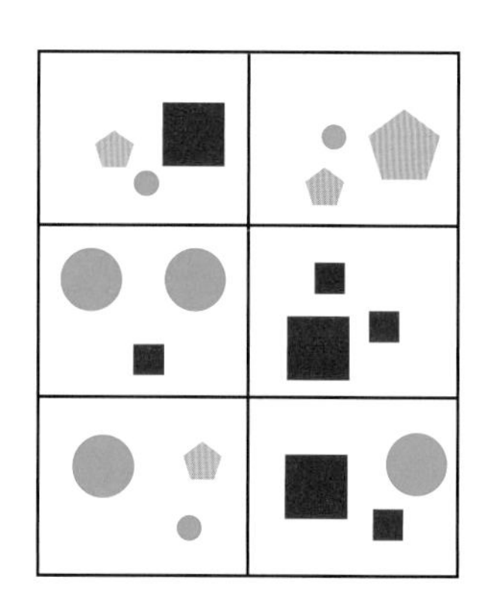

谜题2

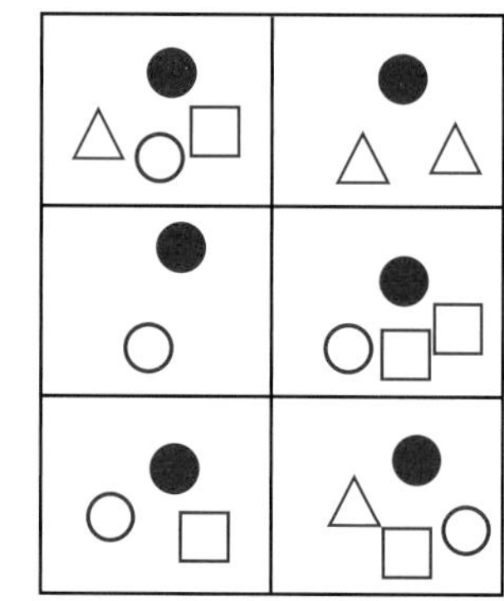

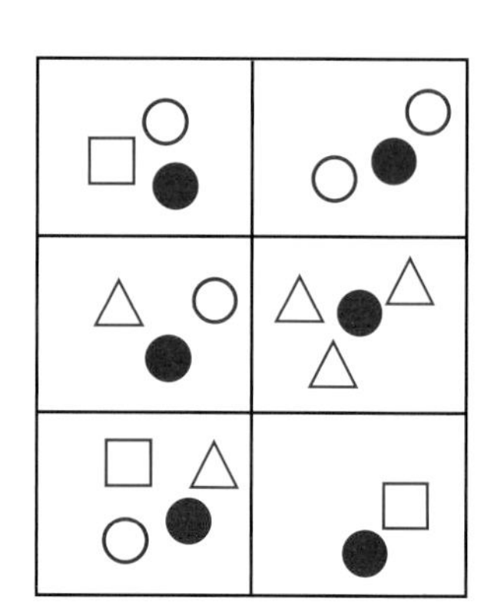

拿走两根牙签

你能解决下面这些“牙签拼图”难题吗？

提示：

你可以利用牙签、铅笔、吸管或者随便其他细长的物体，研究这些谜题。

拿走两根牙签，使它成为两个正方形。

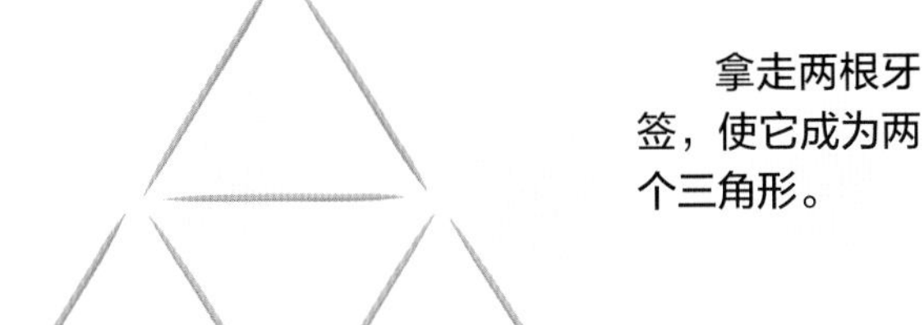

拿走两根牙签，使它成为两个三角形。

不能画出三角形！

你可以和朋友一起来研究这道谜题。

首先在一张纸上按顺序描出下面这些点。你和你的朋友各执一支不同颜色的笔，轮流在两点之间连线。规则是不允许在已连线的两点之间二次连线。谁先在三点之间连成三角形，谁就输了。

例如，在这局游戏中，红色玩家就输掉了。因为他先在纸上画出了连接三个点的红色三角形。

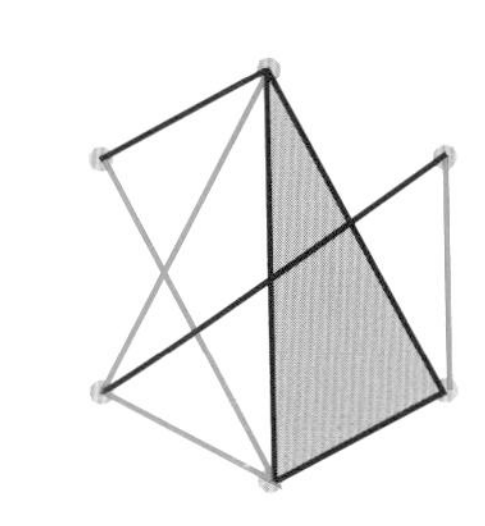

纸杯蛋糕谜题

这儿还有一个棘手的谜题等你解决。

一名卡车司机要把纸杯蛋糕从阿尔法村的蛋糕工厂运送到贝塔镇的面包店。两地相隔1000千米。他的卡车一次可装下1000个纸杯蛋糕。可是，这位司机酷爱吃甜食，当车上有纸杯蛋糕时，他每行驶1千米就会吃掉1个纸杯蛋糕。如果他开着这辆装着1000个纸杯蛋糕的卡车抵达终点，所有的纸杯蛋糕都会被他吃光！听上去这趟运送工作注定会失败。但其实有办法可以解决！小朋友，如果是你，你要怎么做才能让司机将500个纸杯蛋糕运送到贝塔镇面包店呢？

提示1：

让司机在路上任意一地将剩余的纸杯蛋糕放在冷藏箱里，并将冷藏箱留在该地，等一会儿再装车。

提示2：

当你在制定计划时，试着画一张如下的图表。图表可以帮助我们解决一些棘手的问题！

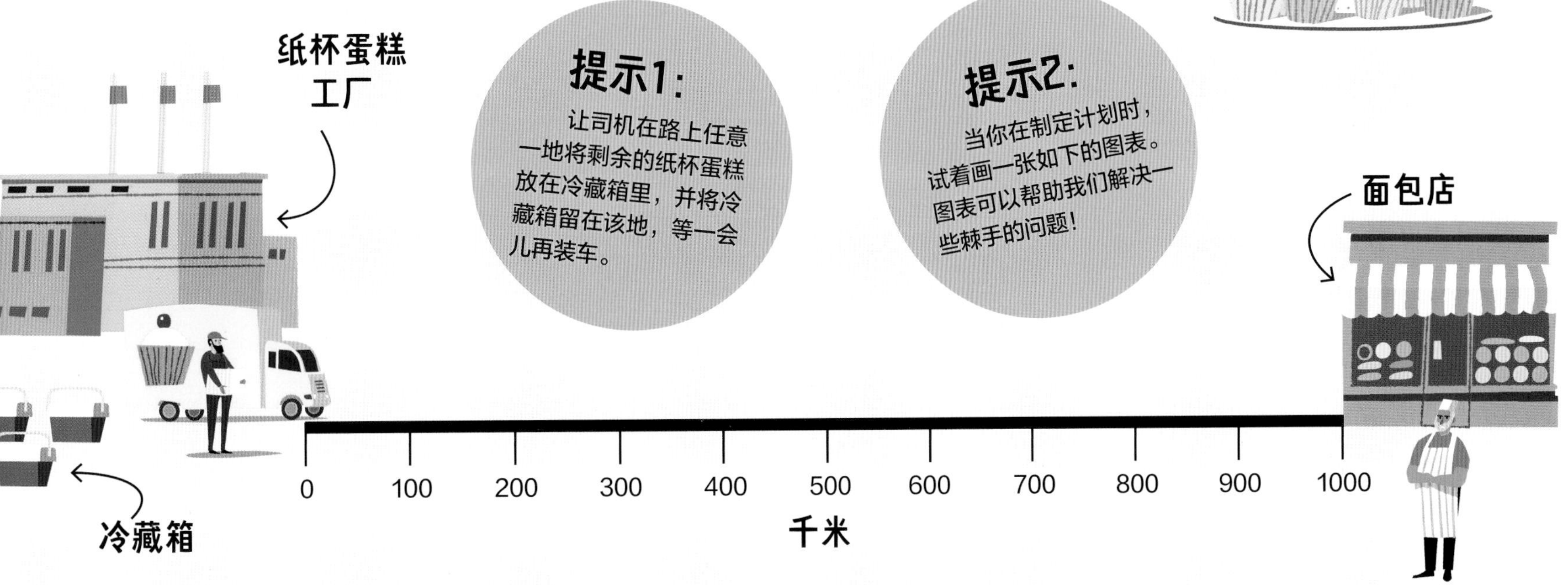

答 案

第12页：数学简史

幻 方

4	9	2
3	5	7
8	1	6

第15页：数学名人堂

生命游戏

最后一组细胞最终会消亡。

下面是每组细胞的变化趋势：

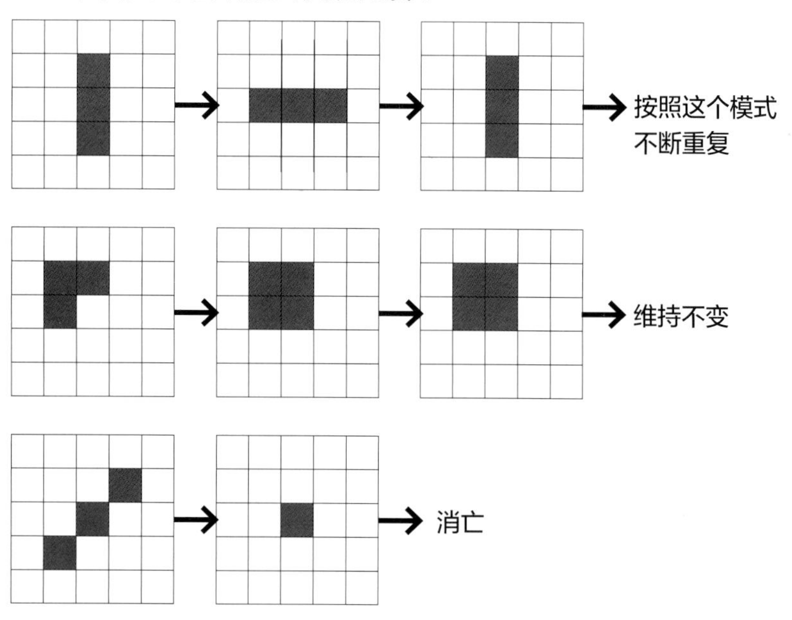

第79页：各种各样的游戏

成为一名博弈理论家

“尼姆游戏”的取胜关键在于保持两个尼姆堆道具数量的平衡。轮到你时，拿走道具后要保证两个尼姆堆剩下的道具数量相同。如果你在每个回合中都遵循这个原则，那么赢家就是你。

是否采用这个窍门取决于：

· 每个尼姆堆的道具数量

· 你是否是游戏中先行的一方

如果游戏开始时，两个尼姆堆的道具数量不一样，先行方可以用这个窍门。如若不是先行方，游戏开局时尼姆堆的道具数量相同，也可以用这个办法。

例如，如果游戏开始时，两个尼姆堆分别有6个和3个道具，你是先行方（1号玩家）。

在游戏第一回合，1号玩家拿走3个道具，使两个尼姆堆的道具数量一致。

1号玩家

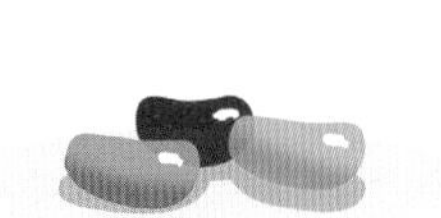

2号玩家必须至少拿走一个道具，所以下个回合中，两个尼姆堆的道具数量又不一样了。

2号玩家

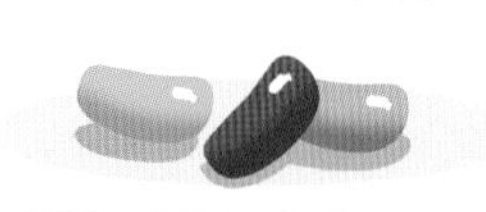

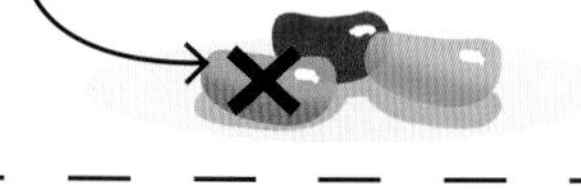

2号玩家在上一回合拿走几个道具，1号玩家接下来就拿走同样数量的道具，使两个尼姆堆的道具数量始终保持平衡。

1号玩家

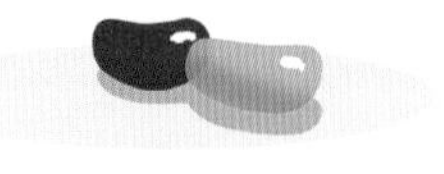

2号玩家

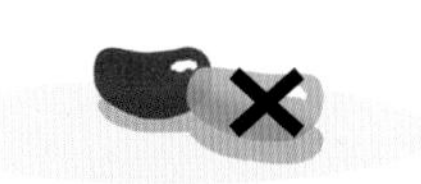

1号玩家

因为2号玩家会在两个尼姆堆都只剩一个道具的情况下，先拿走最后一个道具，所以1号玩家就获胜了。

2号玩家

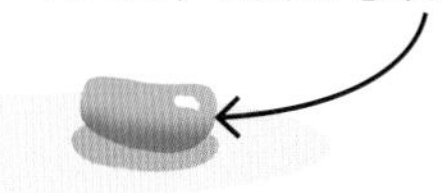

第80页：数学密探

破译恺撒密码

E向前移动了两位，经过解码，这份情报的内容是“敌人已经破译了密码”（Enemy has broken secret code）。

第86～87页：更多的谜题

试试右边这道覆面算！

这个覆面算有很多不同的解法。但是不论你用哪种解法，C总是等于1！因为MATH代表一个四位数，而CRAZY代表的是五位数。如果两个四位数相加得到的是五位数，那么这个五位数一定以1开头。

以下仅列举这道覆面算的两种解法：

M=9，A=0，T=3，H=2，C=1，R=8，Z=6，Y=4，即9032+9032=18064

或者是M=6，A=9，T=5，H=2，C=1，R=3，Z=0，Y=4，即6952+6952=13904

巧妙的邦加德问题

谜题1：左边每幅图中的图形大小都一致；而右边每幅图的图形大小各不相同。

谜题2：在左图中，涂色的圆形总是位于所有未涂色形状的上方；在右图中，涂色的圆形会出现在未涂色形状的下方。

拿走两根牙签

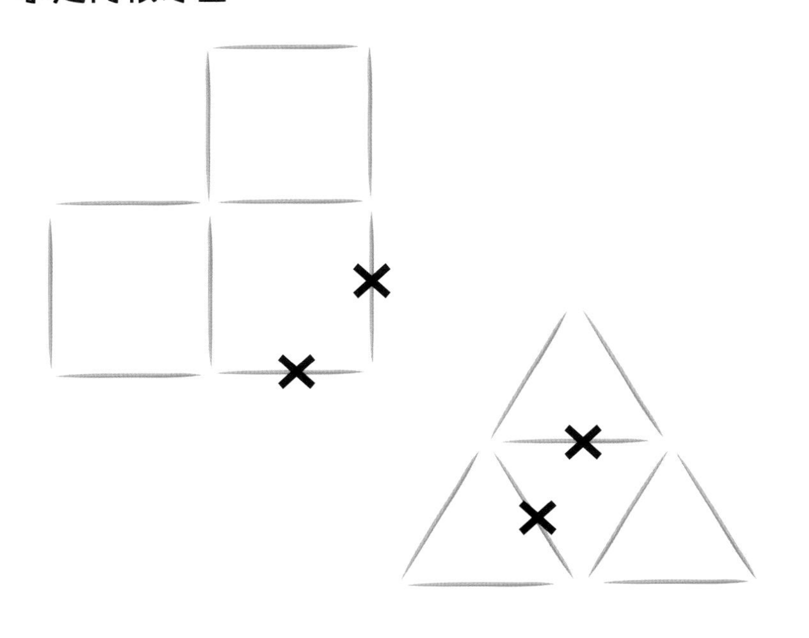

纸杯蛋糕谜题

只要允许司机在途中将纸杯蛋糕存储在冷藏箱中，并稍后取回的话，就有很多种方法将500个纸杯蛋糕顺利从阿尔法村送往贝塔镇。下面是其中一种方法。

司机的卡车上装有1000个纸杯蛋糕，卡车向前行驶了500千米，停在距离贝塔镇还有500千米的地方。司机在途中吃掉了500个纸杯蛋糕，他将剩下的500个纸杯蛋糕放入冷藏箱里，并放在停车处。

之后司机返回阿尔法村重新装上1000个纸杯蛋糕，再次来到放冷藏箱的地方。在此期间，他又吃掉了500个纸杯蛋糕。然后司机重新装上之前储存的500个纸杯蛋糕。这样，车上就又有了1000个纸杯蛋糕，卡车继续行驶500千米抵达贝塔镇。在后半段路程中，他又吃掉了500个纸杯蛋糕，然后将剩下的500个纸杯蛋糕送到了目的地。

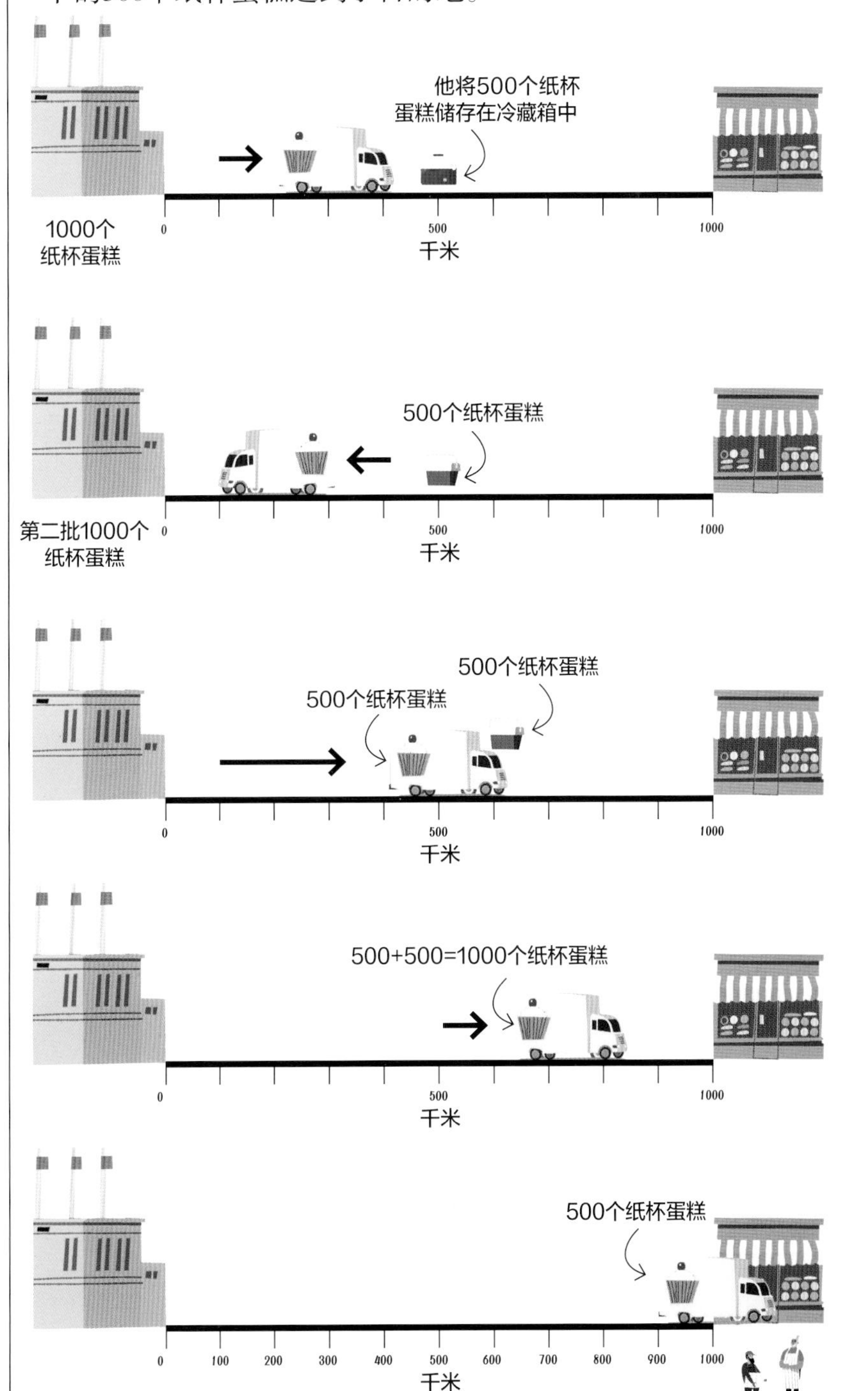

词汇表

古希腊

古希腊位于地中海附近，其文明大约从公元前2000年持续至公元前30年。

数字

用来构成数的符号。0，1，2，3，4，5，6，7，8，9是我们通常使用的10个数字。

自然数

自然数就是比0大的整数，在现代数学中也包括0。

质数

比1大且仅可以被1和它本身整除的整数。例如13就是一个质数，因为它仅能被1和13整除。

负数

小于0的数。

无理数

即不循环的无限小数，不能用分数表示。圆周率π就是典型的无理数。

分数

把单位“1”平均分成若干份，表示其中一份或几份的数字叫分数，例如$\frac{2}{3}$或$\frac{4}{9}$。横线下面的数字是分母，表示单位“1”被分成多少等份；横线上面的数字是分子，表示占据了单位“1”中的多少等份。

小数

一种非整数的表现形式。小数点将整数与小于1的部分分开。例如，0.1和3.6均为小数。

倍数

如果一个数能被另一个数整除，则该数是另一个数的倍数。例如，12是3的倍数，因为12÷3=4。

计算

使用数学运算(包括加法、减法、乘法和除法)算出答案。

四则运算

数学的一个分支，研究数字及其加法、减法、乘法和除法等数学运算的结果和规律。

平均值

当人们提及“平均数”时，他们通常指的是“平均值”，即把集合中所有数相加，再除以数的个数。

约数

一个数可以被另一个数整除，那么这个数就是另一个数的约数。例如：3是12的约数，因为12除以3等于4。

单位

通过约定好的标准数量表示长短、大小、多少等概念。例如厘米、千米、分钟等。

公制

亦称“米制”。公制由法国在18世纪末首创，曾作为长度和质量的国际标准，后被国际单位制取代。

测量

用仪器确定空间、时间、温度、速度、功能等的有关数值。例如两地之间的距离，物体的重量，或者容器的体积。

尺寸

长度，多指一件东西的长度，也指一件东西的长短大小。

公式

用数学符号表示几个量之间关系的式子。

概率

事件发生的可能性。通常用分数(二分之一的概率)或是百分比(50%的概率)表示。

百分比

把单位“1”平均分成100份,表示其中一份或几份的数字叫百分比。例如,20%表示占据100份中的20份。

比例

表示部分与整体的相对关系。例如,如果你有10只宠物,其中7只是鱼,那么,你所有宠物中鱼的比例是十分之七。

几何学

数学的一个分支,研究空间和图形。

周长

封闭性图形一周的长度叫作周长,通常用C表示。

面积

二维物体(例如圆形或正方形)所占空间的大小。

直径

通过圆心并且两端都在圆周上的直线叫作圆的直径。

半径

从圆心到圆周的直线距离。半径是直径的一半。

体积

三维物体所占据的空间大小。

面

一个物体的某个平面。

圆周率(π)

用来表示圆的周长和直径之间比值。圆周率约等于3.14159,用符号π表示。

圆锥体

以直角三角形的一条直角边所在直线为旋转轴,其余两边旋转一周所得到的几何体叫作圆锥体。

圆柱体

一个长方形以一边为旋转轴,其余各边旋转一周,所得到的几何体叫作圆柱体。

球体

圆在三维中的等价概念——表面任意一点到中心点的距离均相等的立体形状。

直角

角度为90度的角。

对称性

一个形状或物体经过翻转(镜像对称)、旋转(旋转对称)或是平移(平移对称)后,保持原状不变,即它具有对称性。

旋转

一个形状或物体围绕一个固定的中心或一条旋转轴转动。

分形

某种以越来越小的比例无限重复的图形。

一维

有一个维度——高度,没有宽度和深度。

二维

有两个维度——高度和宽度,但是没有深度。

三维

有三个维度——高度、宽度以及深度。

代数

用字母来表示数字，研究数与字母间的运算规律的数学分支。

平方

一个数的平方指这个数乘以它自身。所以3的平方就是3×3，写作3^2，也就是9。

平方根

如果一个数等于另外两个相同数相乘的结果，那么这两个相同的数就是这个数的平方根。比如，9的平方根是3，因为3×3=9。

方程式

含有未知数的等式叫方程式，例如$4x+8=16$是一个方程式，求未知数x的值的过程叫解方程。

序列

一系列按照特定顺序排列的事物。

拓扑学

研究几何图形如何通过挤压、弯曲和拉伸而改变形状的数学分支。

三角学

研究三角形，特别是直角三角形中，边与角之间关系的数学分支。

数据

信息的集合，例如事实、数字或测量值。

统计数据

一份用于统计学（收集并研究数据的数学分支）分析的数据。

分布

在统计学中用来描述数据在一个区域或范围内如何呈现的术语。

图表

表示两组或多组信息、数据之间关系的图形。包括象形图、饼状图和柱状图等。

估计

粗略判断事物的值，无须对其进行精确的计算。

算法

一套循序渐进的指令。例如，计算机使用算法来解决问题或是完成任务。

无穷

某事物永远持续下去，没有尽头。

微积分

微积分主要研究数学中的变化问题，是高等数学中的分支。

标准化

使事物具有通用性、统一性。

数学定理

经过证明为真的数学陈述。

扭曲双锥的手工游戏

1. 将下面的形状印在一张纸上，沿边线裁开。

2. 沿虚线折叠。

3. 将凸起的部分A用胶水粘在边沿B的下面。

4. 用胶水将C和D、E和F边沿粘在一起。

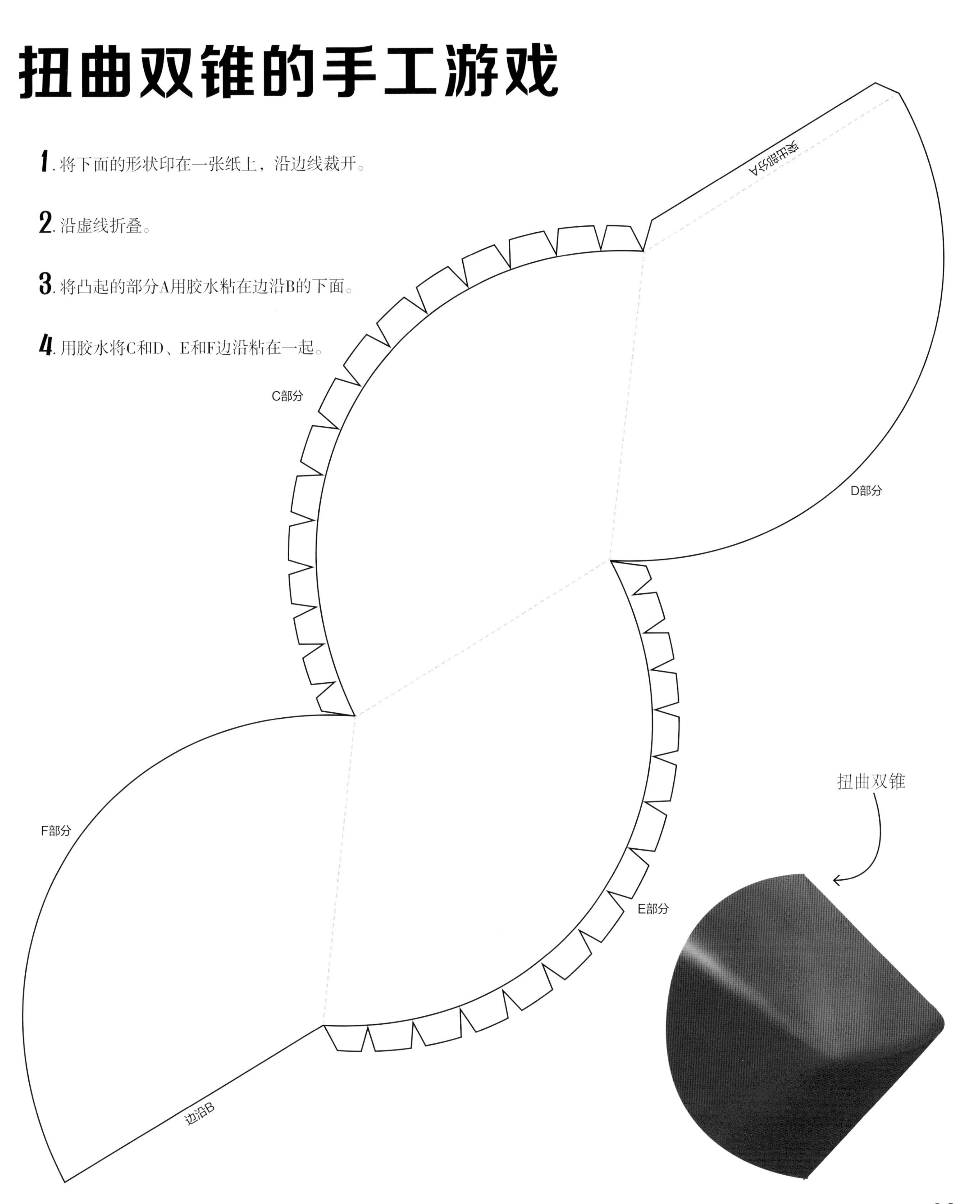

索引

X

Y

Z